KB093747

경북의 종가문화 28

청백정신과 '팔련오계'로 빛나는,
안동 허백당 김양진 종가

경북의 종가문화 28

청백정신과 '팔련오계'로 빛나는,
안동 허백당 김양진 종가

기획 | 경상북도 · 경북대학교 영남문화연구원
지은이 | 배영동
펴낸이 | 오정혜
펴낸곳 | 예문서원

편집 | 유미희
디자인 | 김세연
인쇄 및 제본 | 주) 상지사 P&B

초판 1쇄 | 2015년 2월 2일

주소 | 서울시 성북구 안암로 9길 13(안암동 4가) 4층
출판등록 | 1993년 1월 7일(제307-2010-51호)
전화 | 925-5914 / 팩스 | 929-2285
홈페이지 | http://www.yemoon.com
이메일 | yemoonsw@empas.com

ISBN 978-89-7646-326-5 04980
ISBN 978-89-7646-324-1 (전4권)
ⓒ 경상북도 2015 Printed in Seoul, Korea

값 27,000원

경북의 종가문화 28

청백정신과 '팔련오계'로 빛나는, 안동 허백당 김양진 종가

배영동 지음

예문서원

　　종가는 유교의 종법에 근거하여 조선시대부터 형성된 것이다. 종법으로 말하면 종가는 하나의 계파를 이룬 집이자 맏아들로만 이어져 온 집이다. 하지만 진정한 종가는 사회적으로 큰 기여를 한 인물로부터 시작된 맏집이다.

　　오늘날 지난 시대의 종가를 다시 거론하는 것은 훌륭한 조상의 정신과 자취가 여전히 사회적 귀감이 될 수 있기 때문이다. 존경 받은 인물의 정신과 유산을 대대로 계승하고 있는 종가를 통하여 현대인의 삶에도 뭔가 중요한 교훈을 찾을 수 있다는 뜻이다.

　　풍산김씨 허백당종가는 조선 중종 때 청백리로 녹선된 김양진의 종가이다. 허백당은 혼란한 사화의 소용돌이 속에서 내직을 맡아서는 "인재를 등용하고 덕치를 하도록" 상소를 올려 올곧은 정치를 하려 하였고, 외직으로 나가서는 자신의 녹봉을 털어 가난한 백성을 구휼하거나 세금을 경감하는 등 여러 고을에서 감동적인 선정을 베풀었다.

허백당종가는 또한 유연당종가이다. 한 종가에 두 분의 조상이 불천위로 모셔지기 때문이다. 유연당은 허백당의 장증손자 김대현이다. 유연당은 임란 때 구국활동에 앞장서서 수많은 난민을 구제하는 민본주의적 공을 세웠다. 또한 자녀들을 잘 가르쳐서 풍산김씨를 명문가로 도약하게 하는 새로운 계기를 만들었다. 여덟 아들이 모두 소과에 급제하였고, 그 가운데 다섯 아들이 다시 문과에 급제하였기 때문이다. 당시 인조 임금은 '팔련오계八蓮五桂'의 아름다움을 이루었다 하여 마을 이름을 오미동五美洞으로 부르라고 하였다. 지금 오미동은 바로 인조가 하사한 그 이름이다. 유연당의 여덟 아들은 풍산김씨 허백당문중을 크게 번창하게 하였다.

허백당종가를 소개하면서 허백당 문중을 거론하는 것이 바람직하다고 생각했다. 그런데 허백당 문중을 다루는 순간 어디서 어디까지 다루어야 할지 막막해졌다. 조선 전기부터 일제강점기에 이르기까지 국가와 사회를 위해 지속적으로 쟁쟁한 인물들이 활약하였기 때문이다.

오미마을에 들어가서 문중의 어른들을 만나 뵙고 조사를 해보니 끝이 보이지 않는 마을이었다. 자료가 많고 인물이 많았기 때문이다. 한마디로 풍산김씨 허백당 문중은 조선시대의 대표적인 명문가이다. 문과급제자 수로 보나, 과환으로 보나, 문집 발간을 비롯한 학문활동으로 보나, 난국을 헤쳐 나가기 위해 순국한 인물로 보나 어떤 명문가와 비교될 수 없는 뚜렷한 자취를 남기고 있다.

게다가 문중에서는 나름대로 정리된 원천자료집을 여러 권 발간해 두고 있었다. 예사 동성마을과 달랐다. 지난날의 영예와 유산을 그 자체로만 설명하는 것이 아니라 연구자들이 볼 수 있게 아카이브를 만드는 문중 같았다.

그럼에도 허백당 문중의 범위가 워낙 크고 인물이 많은 까닭에 이 책을 쓰면서 일부에 한정하였음을 밝힌다. 허백당 문중은 2개 계파로 구성된다. 허백당의 맏아들 잠암潛庵 김의정金義貞 계파와 둘째 아들 신암愼庵 김순정金順貞 계파가 그것이다. 잠암의 후손들은 안동, 봉화, 영주, 예천 등지의 경북 북부권에 주로 살고 있으며, 신암의 후손들은 경기도 파주를 중심으로 황해도 연백, 충남 당진 등지에 살고 있다. 이 책은 경북의 종가를 다루는 것이므로 잠암 계파를 중심으로 다루었다.

오미마을 허백당종가의 풍산김씨 구성원들은 조선 전기부터 일제강점기까지 나라가 어려울 때마다 바람직한 지식인의 삶을 실천하기 위해서 분연히 떨쳐 일어서는 전통을 이어 왔다. 이 점에서 허백당종가와 문중은 대단히 주목된다.

재주 없는 사람으로서 큰 문중의 종가에 대해 글을 쓴다는 것이 쉽지 않다는 것을 절감하였다. 워낙 많은 정보를 접하면서, 쉽게 쓴다는 생각을 관철할 겨를도 없었던 것 같다. 다방면에 걸친 자료, 여러 인물에 대한 정보를 일일이 재확인하는 일도 만만치 않았다. 그래서 어떤 경우에는 문중에서 나온 자료, 기왕에 발표된 연구성과나 체계화된 자료를 재정리하거나 보완하는 형태로 매듭짓기도 하였음을 밝힌다.

　　초고에 대해 차종손을 비롯한 몇 분이 읽고 자문을 해 주시고 한국국학진흥원에 소장된 사진파일을 제공하는 등 문중에서 많은 도움을 주셨다. 특히 오미마을에 귀향하여 문중의 일에 헌신하면서 문중사에 해박한 지식을 가지고 계신 김창현 어른, 대구에 거주하시면서 문중의 각종 문헌에 조예가 깊으신 김정현 선생이 많은 시간을 할애하여 의견을 주셨다. 귀중한 의견을 주신 데 대해서 감사의 말씀을 드린다.

　　이 책을 읽는 모든 분에게 허백당 김양진의 청백정신, 잠암 김의정의 절의, 유연당 김대현의 구국활동과 애민정신, 추강 김지섭의 애국정신이 전파될 수 있기를 기대한다. 아울러 허백당 종가와 문중에는 현대사회에 맞는 청백정신과 팔련오계의 경사가 거듭 이어지기를 바란다.

배영동

차례

제1장 오미마을 허백당종가의 성립과 발전

1. 오미마을의 터전과 풍산김씨

풍산김씨 집성촌인 오미마을은 풍산김씨의 발상지로서 행정구역상으로 경북 안동시 풍산읍 오미 1리다. 이곳 풍산김씨는 안동의 서부지역인 풍산과 풍천을 대표하는 4대 문중 가운데 하나이다. 즉 오미마을 풍산김씨는 하회마을의 풍산류씨, 가일마을의 안동권씨, 우렁골의 예안·전의 이씨와 더불어 풍산과 풍천의 현달한 문중의 표본이다.

오미마을은 수많은 인재가 배출된 곳으로, 오미라는 두 글자는 '팔련오계지미八蓮五桂之美'의 약칭이다. 팔련오계지미가 마을 이름이 된 것은 유연당悠然堂 김대현金大賢(1553~1602)의 아들 8인이 모두 소과에 급제하고, 그 가운데 5인이 다시 문과대과에 급

오미마을 전경

제한 사실에 근거한다. 조선시대 과거에서 소과인 사마시司馬試 합격자 공고문을 연방蓮榜, 문과대과 합격자 공고문을 계방桂榜이라고 불렀기 때문에, 팔련오계라는 표현이 만들어졌다. 그런 면에서 팔련오계란 팔사마오대과八司馬五大科의 아름다운 이칭이다.

오미마을은 넓은 들판을 끼고 있으며, 현재 경북 신도청의 뒷산이 되는 검무산(1608년에 편찬된 안동의 인문지리지『永嘉誌』에는 巨吻山, 黑雲山으로 표기)을 마을 앞산으로 하고 있다. 『영가지』에는 오미동五美洞을 다음과 같이 적고 있다.

> 송사松寺 서북 2리쯤에 있다. 광석산廣石山이 그 서쪽에 우뚝 솟아 있다. 부제학副提學 김양진金陽震이 처음 터 잡아 살고 대대로 알려진 사람이 있었다.

물론 풍산김씨가 이곳에 터전을 잡고 내왕한 역사까지 포함하면 마을의 역사는 『영가지』에 기술된 것보다 훨씬 더 올라간다. 『영가지』에는 오미동이 송사 서북 2리쯤에 있다고 기술하고 있는데, 여기서 말하는 송사는 곧 송사촌松寺村을 가리킨다. 송사촌을 보면 "발산鉢山 서북 2리에 있으며, 일명 정사鼎寺라고 한다"라고 되어 있다. 다시 송사촌 바로 앞에 소개된 발산촌을 보면 "신촌新村 서북 2리쯤에 있으며, 주발과 같은 산이 있어서 마을 이름이 되었다"라고 쓰고 있다. 신촌에 대해서는 "봉황암鳳凰巖

마을 유래비

의 서남쪽, 만운천晩雲川 위에 있다. 상호군 남융달南隆達이 만년
에 여기에 터 잡아 살았는데, 자손들이 번성하고 과거에 급제하
며 연이어 문과에 올랐다"라고 적혀 있다. 풍산현에서 오미동과
연관되어 소개된 마을 위곡촌位谷村에 대해서는 "오미동 서쪽 5
리에 있고, 예천군과 경계를 이루며 풍산현으로부터 거리가 15리
이다"라고 하였다. 이런 정황을 보면 『영가지』가 편찬될 무렵에
오미동 주변에는 마을이 드문드문 있었음을 알 수 있다.

오미마을에 전해오는 풍수에 관한 이야기는 선명하지 않은 편이다. 다만, 오릉동五陵洞이라는 마을의 옛 이름과 '구시나무거리'라는 동구의 이름이 풍수상으로 상당한 의미를 지니는 것으로 보인다. 지금은 유실된 학남鶴南 김중우金重佑(1780~1849)가 쓴 『오미동지五美洞誌』에 실려 있던 내용이 마을에 구전되는 것을 토대로 풍수와 관련된 인식을 찾아보자. 오릉동은 뒷산에 다섯 구릉(五陵)이 있다는 데서 비롯된 이름이다. 뒷산은 '독지미'라 불리는바, 한자로는 독지산獨至山 혹은 독산獨山이며, 산에 대나무가 많아서인지 봉우리는 보통 죽자봉竹子峯이라고 불린다. 지금의 영감댁 자리에는 애초에 허백당종가가 있었다. 영감댁 뒤쪽으로 가면 현재 보호수로 지정된 커다란 느티나무가 한 그루 있다.

　　그 자리에는 본래 '황소나무'(금강송)라 하여 큰 소나무가 있었다. 이 소나무는 마을 뒷산에서 내려오는 다섯 구릉 가운데 동쪽 두 번째 구릉 끝자락에 있었다. 선조들이 마을로 내려오는 이 구릉의 기운이 너무 강하다고 판단하여 비보 차원에서 큰 소나무를 심은 것이다. 그러던 소나무가 고목이 되어 쓰러진 후 느티나무로 교체되었다고 한다. 느티나무를 심은 사람은 한말의 학자이자 영감댁 주손인 운재雲齋 김병황金秉璜(1845~1914)이었다. 나무가 있는 위치가 영감댁 바로 뒤였기 때문이다.

　　그리고 동구를 '구시나무거리'라고 하는데, 전해오는 이야기를 토대로 주민들은 이 지명을 '구수나무거리'(九樹木街)라는 뜻으로 이해하고 있다. 구전에 따르면 본래 비보적 방풍차원에서 동구에 떡버들나무 9그루를 심었는데, 1그루가 일찍 죽고 8그루가 서 있다가 그 후에 또 3그루가 죽었다. 5그루가 지금까지 남아 있어서 역시 보호수로 지정되어 있다. 후손들은 애초에 있던 9그루가 곧 유연당 김대현의 아들 9형제를 뜻한다고 인식하고 있다. 또한 일찍이 한 그루가 죽은 것은 유연당의 여덟째 아들이 17세에 안타깝게 유명을 달리한 사건의 상징으로 받아들인다. 유연당의 여덟째 아들이 안동부사의 아들을 비롯하여 여럿이 낙동강에서 선유를 하다가 익사하였던 것이다.

8그루가 있다가 최종적으로 5그루만 남은 것에 대해서도 8형제가 모두 소과에 급제한 사실, 그리고 5형제가 대과에 급제한 사실의 상징으로 해석되고 있다. 중요한 것은 마을의 입구도 유연당의 아들과 관련 있는 풍치림으로 조성되었다는 사실이다. 한편 마을 입구에 풍치림을 조성한 것은 터진 곳을 막는다는 풍수적인 의미도 있다.

또한 9그루의 떡버들나무를 심은 것은 유연당 아들 형제의 과거급제 후에 인조 임금이 마을 이름 개명과 더불어 동구에 마을 문(里門)을 세우도록 한 사실과 관련이 있다. 유연당의 막내아들 설송雪松 김숭조金崇祖가 1629년(인조 7) 문과에 합격하였을 때, 인조 임금은 그를 어전으로 불러 집안의 세덕世德을 묻고 나서 '팔련오계지미'라 크게 칭찬하고, 오묘동五畝洞이라는 마을 이름

을 오미동으로 고쳐 부르게 하였다. 이처럼 오미동이라는 이름
은 팔련오계지미의 약칭이고, 인조로부터 하사된 것이다.

　그뿐만 아니라 인조는 경상감사 이민구李敏求에게 명하여 마
을 앞에 정문旌門을 세우되 '봉황려鳳凰閭'라는 편액을 걸어서 이
같은 경사를 자손 대대로 기리도록 하였다. 임금이 경상감사에
명하여 굳이 '봉황려'라는 이름의 마을 정문을 세우도록 한 근거
는, 상상의 새 봉황이 9개의 알을 낳는다는 전설과, 유연당 아들
이 본래 9형제였다는 사실이 의미상으로 연결된다는 데 있다. 따
라서 9그루의 떡버들나무를 심은 것은 봉황려를 세우도록 한 임
금의 지시와 연관되어 있다.

　결국 풍산김씨 문중 구성원들이 인식하는 오미마을의 풍수
는 뒷산 구릉에서 내려오는 강한 기운을 한 그루의 나무를 심어
서 막고, 입구의 터진 곳을 여러 나무로 비보하는 형식을 취한 것
으로 파악된다. 다만 구릉의 비교적 높은 지대에는 소나무 혹은
느티나무를 심었고, 동구의 낮은 지대에는 떡버들나무를 심었
다. 처음 심은 소나무는 산의 이미지를 나타내고, 다시 교체하여
심은 느티나무는 마을 경계 혹은 평지의 이미지를 드러내며, 동
구의 떡버들나무는 물가의 이미지를 표상한다. 따라서 오미마을
은 뒤로는 구릉을 따라 내려오는 산을 등지고, 앞으로는 물가에
접하여 있는 배산임수형의 터전임을 말해 준다. 그런 터전에서
유연당과 그 아들 9형제가 명성을 드높인 것은 마을의 풍수인식

비보 느티나무

비보 떡버들나무

과 겹쳐져 있다.

이러한 오미마을에 터를 잡고 있는 풍산김씨는 고려조의 명문세족으로 판상사判相事를 지낸 김문적金文迪을 시조로 하는 혈연집단이다. 김문적은 고려 고종 때 풍산백豊山伯에 봉해졌지만, 후손들은 대대로 송도(개성)에 살았다. 다만, 풍산김씨 4세인 김연성金鍊成이 경주에서 풍산현으로 이주하여 살면서 지금의 오미마을인 오릉촌五陵村에 별서別墅를 두고 농토를 관리하였다. 이때부터 풍산김씨 오미마을의 시대가 조금씩 열리기 시작한 셈이다.

그 후 조선이 건국되면서 송도의 사족을 한양으로 이주하게 하는 정책을 펴자 8세 김자순金子純(1367~?) 대에 한양의 장의동에 터전을 잡았다. 학사 김응조의 『추원록追遠錄』, 학남 김중우의 『오미동지五美洞誌』, 학암 김중휴의 『세전서화첩世傳書畵帖』을 보면, 한양에 살던 풍산김씨가 오미마을로 내려온 것도 역시 김자순 대의 일이다.

잠시 역사를 거슬러 올라가서 그 사정을 보자. 8세 김자량金子良이 태조 이성계와 친하여 5조의 판서를 역임하였는데, 병조판서로 있을 때 왕자의 난에 연루되어 유배를 가서 죽임을 당하였다. 그러자 그의 아우 김자순은 자신에게 화가 미칠 것을 염려하여 풍산의 오릉촌에 집을 짓고 낙향하였다. 그는 고려조에 삼사좌윤三司左尹을 지낸 김안정金安鼎의 차남으로 태어나 조선조에 군기시직장軍器寺直長을 지냈다.

김자순의 둘째 아들인 9세 별시위別侍衛 김종석金從石(1409~1439), 그의 아들 10세 진산군수 김휘손金徽孫(1438~1509)을 거쳐 그의 장남 11세 허백당虛白堂 김양진金陽震(1467~1535)에 이르기까지 모두 선영先塋과 별서가 있는 오미마을을 자주 내왕하였다. 그럼에도 허백당 김양진은 후손들에 의해서 오미마을 입향조로 인식되어 추앙받고 있다. 풍산김씨가 오미마을에 정착해 가는 과정을 좀 더 살펴보자.

김종석은 31세에 요절하였는데 그의 무덤은 경기도 양주시에 있고, 부인 박씨는 한양의 장의동에서 외아들 김휘손을 길렀다. 김휘손의 맏아들인 허백당 김양진도 장의동에서 태어났으니, 김자순의 안동 낙향은 일시적인 것이었다. 하지만 김자순이 오릉동에서 말년을 보내고 그 서쪽 보포림甫布林에 묻히게 되자 후손들은 성묘를 하기 위해서 오릉동에 자주 내왕하게 되었다. 김중휴金重休의 『세전서화첩世傳書畵帖』에 따르면, 김자순의 손자인 김휘손이 조부의 무덤에 성묘하러 왔다가 오미마을 인근 예천군 호명면 광석산 일대의 대지산大枝山 명당 터를 얻게 된 사연을 소개하고 있다.

김휘손이 1507년 하양현감으로 있을 때, 안동 고산故山에 성묘를 하게 되었다. 산소 넘어 예천 음산리陰山里에는 대대로 부호로 살면서 미래의 일을 잘 아는 어떤 박씨가 있었다. 그가 김휘손에게 찾아와 온종일 이야기하면서 놀다가 갑자기 내기 장기를 두자고 하였다. 자신이 지면 십 리쯤 되는 대지산의 한 국내局內를 주기로 하고, 공이 지면 타고 온 흰 나귀 한 필을 주기로 하자는 것이었다. 처음에는 그것을 농담으로 여겼는데 겨우 한 판이 끝날 무렵에 박씨가 일부러 져 주는 듯하였다. 그러고는 품고 있던 한 폭의 산도山圖를 군이 바치기에 김휘손도 사양할 수 없어서 받아들여 여러 대의 산소 터를 마련하게 되었다.

세속에 전하기를, 어떤 박씨란 자가 김휘손에게 이 산도를 바치면서 말하기를 "제가 살고 있는 이 산은 여러 가닥으로 된 등성이마다 용호龍虎가 제대로 생겼으며 남향으로 판국이 이루어졌는데 명혈名穴이 아주 많습니다. 제가 지금까지 여러 대를 지키고 있었으나 산소를 한 장도 쓰지 않은 것은 큰 복을 누릴 만한 사람을 기다린 까닭입니다. 제가 사람을 많이 보고 겪었으나 공과 같은 분을 보지 못했는데 공이 이 산의 주인이 될 듯합니다. 지금 한 번 받아들인 이후에는 마음대로 하십시오. 저는 다만 이 산도를 바치는 성의에 대하여 별도로 그림을 한 폭 더 그려서 길이 잊을 수 없다는 정의情誼를 표하고자 합니다" 하고 또 별폭으로 그린 그림을 바쳤다고 한다.

이 이야기에 따르면 인근 마을에 미래를 예측하는 토박이 부

호가 대지산 명당 터를 가져다 바친 것이나 다름이 없다. 이야기에는 "복인福人이 길지吉地를 만난다"는 한국의 전통적인 풍수 관념이 바탕에 깔려 있다. 이 논리는 모든 땅에 품격이 있는데, 품격에 맞는 위상의 인물이라야 복을 누릴 수 있다는 뜻이다. 그러므로 김휘손은 복록을 누릴 만한 인물로 인식되었던 것이다. 인근 마을에 사는 토박이 부호가 이토록 좋은 길지를 바친 이유는 새로운 주인공이 될 사람이 등장했다는 예측을 했기 때문이다.

하지만 조선시대의 산과 하천은 원칙적으로 사유화할 수 없었으므로, 이러한 예측을 하고 산도를 바친 박씨라는 인물은 실제 인물이라기보다는 산신山神이나 천신天神에 가깝다. 곧 대지산 명당 터는 하늘이 내려 준 선물이나 마찬가지이다. 다만 이야기에 등장하는 산도는 제도적으로 사유화할 수 없는 산이 자신의 소유임을 입증하는 징표에 해당한다.

한편으로 이 이야기는 대지산 인근 주민들이 김휘손을 환영하였다는 상징적 의미를 담고 있기도 하다. 모든 주민이 나서지 않고 대표적인 부호가 김휘손을 큰 인물로 인식하고 자발적으로 환영하면서 받든 것이다. 이 경우 김휘손은 이 일대 주민들에게 뭔가 덕을 쌓았을 것이라는 전제가 보이지 않게 작동하고 있다.

김휘손은 모친 춘천박씨가 별세하자 경기도 양주에 있는 부친 무덤에 함께 안장하지 않고 자신이 얻어 둔 대지산에 무덤을 썼다. 자신도 모친의 무덤 아래 묻힘으로써 마침내 대지산은 풍산김씨의 선영이 되었다.

　이처럼 허백당 김양진 이전에는 별업이니 별서니 하여 일시적인 주거지 형태로 유지되었지만, 허백당은 윗대 조상이 하지 않은 새로운 결정을 내렸다. 허백당은 1527년 경주부윤에서 물러난 후부터 1529년 황해도관찰사로 나아가기 전까지 4개월 동안 오미마을에서 살았다. 그리고 이곳에 새로 집을 지어 자손들이 세거할 수 있는 터전을 마련하였다. 그것은 증조부 김자순, 조모 춘천박씨, 부친 김휘손의 무덤이 모두 오미마을 인근에 있었기에 영구 정착지로 판단한 결과로 보인다. 사후에는 자신도 대지산에 묻힘으로써 자손들이 내왕하면서 성묘를 하던 형태에 종지부를 찍었다. 나아가 명실공히 한 문중을 이루는 파조派祖가 되는 불천위不遷位로 추대되면서, 후손들은 허백당 김양진을 오미마을 입향조로 생각하고 있다.

2. 허백당종가이자 유연당종가

　　허백당 김양진은 풍산김씨 중시조이다. 허백당은 홍문관부제학을 세 차례, 관찰사를 세 차례 지내고 중종 때 청백리로 녹선되었다. 허백당은 풍산김씨로는 처음으로 불천위로 추대된 인물이다. 더 이른 시기의 인물이 거의 불천위로 추대된 바가 없는 것은 종법에 기초한 불천위제도가 향촌사회에 도입된 것이 17세기였기 때문이다.

　　엄밀히 말해서 허백당종가의 성립은 유교의 종법에 따라 불천위로 추대된 시점부터이다. 그러면 허백당은 언제 불천위로 추대되었을까? 이에 대해서는 현재 어떤 기록도 찾아볼 수 없다. 그러므로 우선 허백당의 신주가 종가의 사당(家廟)에서 언제 체천

遞遷이 되었는지에 대한 고증이 필요하다.

허백당 김양진이 사망한 시기에는 대부大夫라 할지라도 4대 봉사가 확립되지 않았고, 『경국대전』에 따르면 6품관 이상은 3대 봉사를 하도록 하였다. 그러나 조선 후기가 되면서 사대부의 경우 4대봉사로 확대되었다. 허백당의 현손인 학사鶴沙 김응조金應祖가 허백당 신주를 모신 대지산의 대지별묘大枝別廟에 관하여 쓴 「고조고비위이안제문高祖考妣位移安祭文」을 보도록 하자.

> 고조부(허백당)가 출생한 정해년丁亥年이 두 번 돌아서 불초 소생이 태어났고, 그로부터 또 60년이 흘렀습니다.…… 최장방最長房의 집이 서울에 있고, 사당의 제사에서 마땅히 조천祧遷해야 하지만 누가 받들어 옮기겠습니까? 형제들은 모두 죽고 쓸모없는 저만 홀로 남아 고조부의 제사를 받들기 위해서, 아직 사당을 세울 겨를이 없어서 소당小堂에 안치합니다.

4대봉사를 할 주손 학호鶴湖 김봉조金奉朝를 비롯한 형제들이 모두 사망하였지만, 김응조는 마지막으로 생존한 4대손으로서 고조부 신주를 체천하여 제사를 모시기 위해서 소당을 건립하였다는 것이다. 소당은 바로 지금의 대지별묘이다. 즉, 대지별묘는 허백당의 4대 주손이 사망한 후에도 생존한 4대손이 제사를 지내기 위해 세운 건물인 것이다. 대지별묘가 세워지기 전까지 허백당 신주는 종택인 유경당의 가묘에 모셔져 있다가, 체천을 하면서 대지별묘에 모셔진 것이다.

신주 이안 제문에 따르면 제문을 쓴 시점은 허백당이 출생한 1467년으로부터 180년이 지난 1647년이다. 그러므로 대지별묘의 건립 연도를 신주 이안 제문에 따라 1647년으로 보고자 한다.

중요한 사실은 대지별묘가 세워질 때까지 허백당은 4대봉사의 대상으로 인식되고 있었을 뿐 불천위는 아니라는 점이다. 그러므로 허백당이 불천위로 추대된 시기는 대지별묘가 건립된 것으로 보이는 1647년으로부터 학사 김응조가 별세한 1667년 사이로 판단된다. 학사가 사망하기 전에 불천위로 추대되지 못하면 학사의 사후에는 신주가 매안되기 때문이다. 이렇게 본다면 허백당의 불천위 추대는 학사 김응조 만년에, 학사가 문중에 중요한 역할을 하던 시기에 이루어졌을 개연성이 무척 크다.

무엇보다 허백당의 신주를 모신 별묘를 종가에 세우지 않고 허백당 묘소를 관리하고 묘제를 수행하는 대지재사大枝齋舍 뒤에 세운 점이 특이하다. 허백당이 불천위로 추대될 무렵은 종법에 기초한 불천위 제도가 향촌사회에 안착되기 전이다. 대지별묘의 존재로 볼 때 17세기 중반기까지는 종가의 사당이 아니라 묘제를 수호하는 재사에 불천위 신주를 모시는 별묘를 건립하는 방식이 있었음을 알 수 있다. 봉사의 대상에서 벗어난 신주를 매안할 경우 무덤에 묻는다는 사실과 관련하여 묘소 부근에 별묘를 설립하는 논리가 정립된 것이다.

허백당종가는 유연당종가이기도 하다. 허백당이 불천위로 추대된 후 허백당의 장증손자 유연당 김대현이 또한 불천위로 추대되었기 때문이다. 한 종가에 불천위로 추대된 조상이 두 분이라는 점은 여타 종가와 비교해 볼 때 매우 보기 드물다.

유연당은 임진왜란이 발발하자 구국차원에서 의병활동을 하였으며, 가정적으로는 자녀 교육에 모범을 보여 주었다. 유연당의 아들 8형제는 모두 소과에 급제하였고, 이 가운데 5형제가 대과에 급제하여 팔련오계의 경사慶事를 이루었다. 이로써 풍산 김씨 문중은 전국적으로 주목을 받게 되었다.

이후 유연당 김대현의 여덟 아들이 모두 파조로 분파되었을 뿐만 아니라, 오미마을의 분촌화分村化도 뚜렷해졌다. 맏아들 김봉조를 파조로 하는 학호공파와 넷째 아들 김경조를 파조로 하는 심곡공파, 그리고 여덟째 아들 김숭조를 파조로 하는 설송공파만이 고향 오미마을에 살고, 나머지 둘째 아들(망와 김영조), 셋째 아들(장암 김창조), 여섯째 아들(학사 김응조)을 파조로 하는 후손들은 봉화 오록梧麓으로 이주하였으며, 또한 다섯째 아들(광록 김연조)은 예천 벌방閥芳으로 이주하였다. 한편 일곱째 아들(학음 김염조)은 종증조부 신암愼庵 김순정金順貞의 손자인 둔곡遁谷 김수현金壽賢에게 출계하여 경기 파주 가야加野마을에 살면서 둔곡공파를 이루었다.

오늘날 풍산김씨 허백당 문중의 구성원들은 안동 오미마을을 발상지 겸 거점으로 하여, 봉화 오록마을, 영주 우곡마을과 병산마을을 비롯한 경북 북부권, 그리고 경기도 파주, 서울, 대구 등지에 분포해 살고 있다. 그럼에도 안동에 모셔져 있는 불천위 조상 허백당과 유연당을 각별하게 받들어 모시고 있다. 허백당은 중시조이고, 유연당은 중흥조라고 할 수 있기 때문이다. 특히 유연당 아들 8형제가 마을의 이름을 바꿀 정도로 풍산김씨를 빛냈을 뿐만 아니라 모두 파조가 되었기 때문에 허백당과 유연당은 나란히 후손들이 경모하는 조상이다.

　　허백당 불천위 제사는 신주가 모셔진 대지재사에서 지내되, 유연당 불천위 제사는 신주를 모시고 있는 종가에서 지낸다. 이런 점에서 유교의 종법이 일반화된 이후의 종가문화 형식은 유연당을 중심으로 확고해진 모습을 드러낸다. 미리 불천위로 추대된 허백당은 대지재사 일곽에 있는 별묘에 모셔지고 있으니, 후손들 입장에서는 또 하나의 종가문화 권역이 대지재사로까지 확장되어 있다고 하겠다.

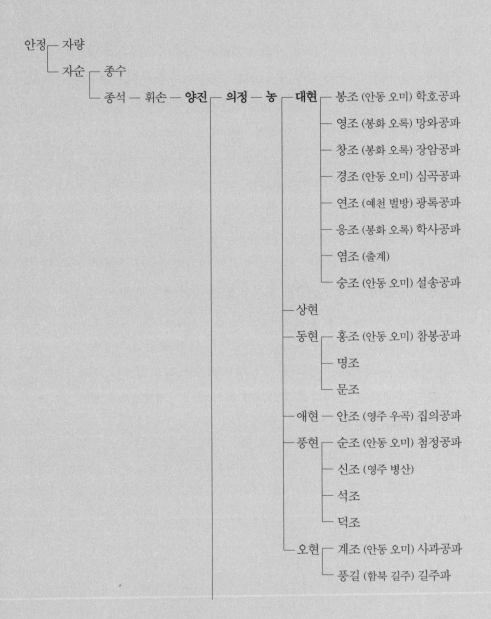

〈풍산김씨 허백당 문중 가계도〉

안정 ─ 자량
      └ 자순 ─ 종수
             └ 종석 ─ 휘손 ─ **양진** ─ **의정** ─ **농** ─ **대현** ─ 봉조 (안동 오미) 학호공파
                                                              ├ 영조 (봉화 오록) 망와공파
                                                              ├ 창조 (봉화 오록) 장암공파
                                                              ├ 경조 (안동 오미) 심곡공파
                                                              ├ 연조 (예천 벌방) 광록공파
                                                              ├ 응조 (봉화 오록) 학사공파
                                                              ├ 염조 (출계)
                                                              └ 숭조 (안동 오미) 설송공파
                                                      ─ 상현
                                                      ─ 동현 ─ 홍조 (안동 오미) 참봉공파
                                                            ├ 명조
                                                            └ 문조
                                                      ─ 애현 ─ 안조 (영주 우곡) 집의공파
                                                      ─ 풍현 ─ 순조 (안동 오미) 첨정공파
                                                            ├ 신조 (영주 병산)
                                                            ├ 석조
                                                            └ 덕조
                                                      ─ 오현 ─ 계조 (안동 오미) 사과공파
                                                            └ 풍길 (함북 길주) 길주파

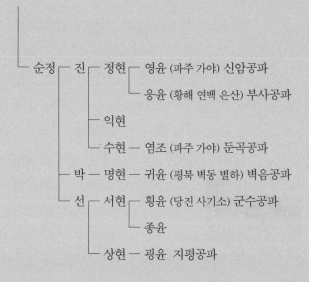

순정 ─┬ 진 ─┬ 정현 ─┬ 영윤 (파주 가야) 신암공파
　　　│　　　　　　└ 응윤 (황해 연백 은산) 부사공파
　　　│　　　├ 익현
　　　│　　　└ 수현 ─ 염조 (파주 가야) 둔곡공파
　　　├ 박 ─ 명현 ─ 귀윤 (평북 벽동 별하) 벽음공파
　　　└ 선 ─┬ 서현 ─┬ 횡윤 (당진 사기소) 군수공파
　　　　　　│　　　 └ 종윤
　　　　　　└ 상현 ─ 굉윤 지평공파

허백당 김양진과 그 후예들의 삶과 의식

풍산김씨 허백당 문중에서 배출한 생진시 합격자는 무려 77 인이며, 이 가운데 문과 급제자가 21인, 무과 급제자가 30인이다. 오미마을 출신도 많지만, 봉화 오록마을 출신도 적지 않다. 이토록 많은 인물을 배출한 풍산김씨 허백당 문중은 조선 전기의 허백당 김양진, 유연당 김대현을 거치면서 전국적으로 그 명성이 자자해졌다. 2007년 기준으로 문중에서 발간된 문집만 23질, 발간되지 않은 유고는 32종에 이른다. 과거급제자 수와 문집만 보아도 풍산김씨 허백당 문중에 얼마나 많은 인물이 배출되었는지를 이해하고도 남는다.

1. 허백당 김양진의 청백정신

　　허백당 김양진(1467~1535)은 진산군수 김휘손의 외아들이다. 그는 조선 전기의 문신 정효항鄭孝恒 문하에서 공부하였다. 정효항은 성종 때 서거정徐居正과 함께 『동국여지승람』·『동국통감』 편수에 참여하고, 벼슬이 대사성을 거쳐 첨지중추부사僉知中樞府事에 이르렀다.

　　허백당은 23세이던 1489년(성종 20)에 진사시에 합격하고, 1497년(연산 3)에 문과에 급제하였다. 예문관검열을 시작으로 40년간 벼슬을 하였다. 내직으로는 승정원주서·공조참판·동지중추부사에 이르렀고, 외직으로는 영해부사·경주부윤과 전라·황해·충청도의 3도 관찰사를 지냈다. 1504년(연산 10)에 홍

『허백당선조실기』*

문관부수찬으로 재직 시, 연산군이 어머니 윤씨의 묘호廟號를 추
존하려 하자 이를 반대하다가 곤장 60대를 맞고 예천으로 귀양을
가게 되었다. 다른 사화와 달리 국왕이 일방적인 가해자로서 수
많은 대신이 희생된 갑자사화의 피해를 입은 것이다. 그러다가
중종반정으로 풀려났다.

　허백당은 호에서 알 수 있듯이 재물에 욕심이 없었다. 내직
을 할 때는 높은 지식과 강직한 성품으로 왕을 보필하였고, 외직
의 수령 · 방백으로 있었던 10여 년 동안 청백淸白과 애민愛民 정
신으로 어진 정책을 펼치고 베풀었다. 때로는 자신의 녹봉까지

털어 가난한 백성을 구휼하였으니, 그러한 선정善政으로 인하여 1529년(중종 24) 청백리淸白吏로 녹선錄選되었다. 벼슬과 재물을 일절 탐하지 않았기에 허백당이 청백리로 녹선되는 것은 당연하다고 당시 사람들은 말하였다. 허백당이 청백리에 녹선된 사실은 강효석姜斆錫이 편찬한 『전고대방典故大方』 권2 「청백리록淸白吏錄」에도 나온다.

허백당은 자신의 소신대로 했다가 손해를 보아도 별로 개의치 않았다. 1518년(중종 13) 4월 20일에 대사간으로 있을 때 '인재를 등용하고 재변을 방지하며 덕화를 이룰 것'에 대해 상소를 올렸다.

......

옛말에 "임금은 그 임금 노릇의 어려움을 알고 신하는 그 신하 노릇의 어려움을 알면 정사가 잘 다스려지고 백성은 덕에 힘쓰게 된다" 하였는데, 지금 전하께서는 과연 그 어렵다고 한 까닭을 아십니까? 지금의 대신도 능히 어렵다고 한 까닭을 알고 있습니까? 아, 비록 전하께서 혼자 그 어려움을 안다 하더라도 신하가 간혹 그렇지 못하여 시위소찬尸位素餐을 편히 여기고 구차함을 좋아하며 소강小康에 만족하고 기강紀綱을 소홀하게 여겨 그대로 인순하여 세월만 보내면서 마음에 두지 아니하면, 전하께서 홀로 어떻게 하시겠습니까? 대신도 도리가 아닌 것으로 보좌한다고는 할 수 없으나, 아직 임금의 마음을 바로잡는 도움이 없고 또 조정의 기강을 세우지 못하여 퇴폐해지고 변통에 어두운가 하면, 행동과 마음에 의문이 있어 고개를 숙이고 배회하며 엿보다가 일에 임해서는 위축되고 맙니다. 정사가 퇴폐되어도 걱정할 줄 모르고, 기강이 날로 무너져 가도 구하지 아니하며, 아들이 아비를 죽이고 아내가 남편을 죽이고 형제가 서로 해쳐 인륜이 끊어져도 괴이하게 여기지 아니하니, 그 불경이 또한 지나치지 아니합니까? 무릇 기강이 무너지고 풍속이 퇴폐해지고 민생이 시름에 잠겼는데, 하늘의 견책을 면하고자 하며 조종이 흠향하시기를 바람은 어려운 일일 것입니다. 아, 전하의 마음이 전일하지 못하고 대신 또한 협력하지 아니하니, 신 등은 진실로 그 종말이 어떻게 될지 알 수 없습니다.

엎드려 바라건대 전하께서는 실지로 하늘의 위엄을 두려워하여 하늘의 인애仁愛한 마음을 저버리지 말 것이며, 예로써 조종을 공경하여 은밀히 도와주는 조종의 사랑을 거스르지 마시고, 더욱 근실하고 경계하며 분발하고 용기 있게 나아가서 이치를 궁구하고 지혜를 기르고 뜻을 정하여 그 지킴을 견고하게 하며, 자신을 알기에 더없이 밝고 도리를 지킴에 더없이 독실하며, 큰 도량으로 널리 받아들여 남의 선행을 길러주고, 분발하고 과감히 실행하여 그 덕을 선양하며, 어질고 재주 있는

인재를 널리 불러서 여러 직위에 앉힘과 동시에 원대한 데 뜻
을 두고 규모를 넓히며 변통을 알고 성심을 힘쓴다면, 재변이
상서로 변하고 풍속이 후하게 변하여 덕화德化가 통할 것이며,
기강이 이로부터 서고 민생이 이로부터 안정될 것입니다.

이처럼 허백당은 대사간으로 있을 때 불편부당하고 바르고
옳은 일에만 전념하였다. 그러자 사림을 탄핵하려는 권신들의
눈 밖에 나게 되었다. 곧이어 임금이 승지로 임명하자 1518년 5
월 8일 탄핵을 받기에 이르렀다.

> 대간이 전의 일을 아뢰고 또 아뢰기를,
> "승지 김양진金楊震은 인물이 부정하여 근시近侍에 합당하지
> 않습니다. 전에 대간臺諫·홍문관직에 있을 때에 물의가 좋지
> 않았으니, 어떻게 승지가 될 수 있겠습니까? 갈기를 청합니다"
> 하니, 전교하기를,
> "김양진이 전에 부제학·대사간을 지냈는데 어찌 승지가 될
> 수 없느냐? 나머지도 윤허하지 않는다" 하였다.

이토록 중종은 허백당을 신뢰하고 있었다. 그럼에도 대간의
끈질긴 공략으로 인해 그해 8월 18일 영해부사로 좌천되었다.
『조선왕조실록』에도 이런 인사에 대해서 "이는 그를 배척한 것

이다"라고 적고 있다. 그럼에도 허백당은 영해고을에 가서 면학의 분위기를 진작하였다. 당시 영해는 동해안 시골이어서 향교의 학생들은 학적에 이름만 있을 뿐 모두 물고기를 잡고 사냥하는 일을 좋아하여 무단결석이 많아서 일반 백성들도 괴로워하였다. 이러한 때에 허백당이 문묘에 나가 알묘謁廟한 뒤 면학에 힘을 기울이고 사랑과 혜택으로 백성을 인도하니 차츰 교화가 이루어져 고을이 편안해져 갔다.

그러다가 1520년 1월 4일 다시 사간원대사간이 되었다. 그러나 다시 그해 4월 30일 오랜 외직의 길로 들어서게 된다. 처음에는 전라도관찰사로 명을 받았으나 부임하지 않다가, 홍문관부제학을 거쳐서 그해 겨울 전라도관찰사에 부임하였다.

백성을 위한 선정을 얼마나 잘했는지는 전라감사 시절의 일화가 대변한다. 1520년부터 1521년 겨울까지 1년의 임기를 마치고 완산(지금의 전주)을 떠나 얼마를 오다가 뒤를 돌아보니, 망아지 한 마리가 따라오고 있었다.

　"저 망아지는 누구의 것이냐?"라고 물으니 "부임할 때 타고 온 말이 완산감영에서 낳은 것입니다" 하였다. 이에 "그러면 그것은 내 것이 아니고 전라도의 산물이니 돌려보내라" 하고 동문 앞 버드나무에 매어 놓고 왔는데, 완산 백성들이 그곳에 허백당의 생사당生祠堂을 지어 그 덕을 높이 기렸다고 한다.

살아 있는 사람을 위한 사당을 지었다는 것은 재임시절에 얼마나 많은 은혜를 베풀었는지를 말해 준다. 고마운 마음이 깊지 않았다면 그런 일은 없었을 것이다.

그뿐만 아니라 이때 전송하는 수레와 말이 몇 리나 늘어섰고, 눈물을 흘리며 따라오는 백성들이 많아 그들을 타일러 보내기도 했다. 그러나 그중 30여 명은 종이 되기를 자원하거늘, 알만큼 타이르고 꾸짖어도 막무가내였다. 허백당이 떠나온 후에도 호남의 사대부들이 그 선정을 잊을 수 없다는 뜻으로 전송의 장면을 그린 한 폭의 그림을 오미마을 자택으로 보내오고 시를 지어 송덕하였으나, 임진왜란 때 없어졌다. 특히 완산을 떠나올 때 따라왔던 사람들은 허백당이 별세하자 상복을 입고 장례를 적극 도와주었으므로 부득이 문중의 노비문서에 올렸으나, 그 후 영조 때 문중에서 노비문서를 불태워 없앴다고 한다. 이러한 사실을 보면 허백당은 참으로 백성들을 위하여 진심에서 우러난 선정을 베풀었음을 알 수 있다.

1522년(중종 17) 2월 10일 좌부승지, 10월 5일 우승지, 11월 2일 이조참의, 1523년 2월 18일 홍문관부제학이 되었다. 이후 허백당은 공포정치로 유명한 김안로金安老(1481~1537)와 여러 차례 대립하다가 1526년 경주부윤慶州府尹으로 좌천을 당하기도 하였다. 경주부윤으로 부임해서는 세금을 경감하도록 하는 특혜를 베풀었다. 경주는 본래 해산물과 소금이 풍부한 곳인데, 지난날

농작물이나 해산물, 소금에 세금을 과도하게 거두어서 폐단이 많았다. 허백당이 부임해서는 궁궐에 바치는 것과 관아에 쓰는 것 외에는 일절 세금을 더 거두지 못하게 하였다.

1529년(중종 24)에 그가 황해도관찰사가 되어 해주에 부임하여 정무를 볼 때 일이다. 당시 이곳은 연산군의 폐정으로 인해 궁예宮隸들은 여러 고을을 다니면서 토색질을 하고, 탐관들은 백성들을 괴롭히고 거두어 먹는 데 혈안이 되어 있었다. 또 모든 해안에도 만석의 곡식이 장부에 있었지만, 실제로는 전임 수령들이 빼 내가고 하나도 없었다.

이런 상황에서 관찰사 허백당은 누적된 폐단을 바로잡는 데 심혈을 기울였다. 거짓으로 작성된 장부를 사실대로 기록하게 하고, 자신의 녹봉祿俸을 털어서 청산토록 하여 가난한 백성들을 구휼하였다. 또 사족과 상민을 가리지 않고 노인들을 초청하여 몇 차례 양로잔치(養老宴)를 열고, 고령의 노인들에게 매달 반찬거리(饌需)를 나누어 주었다. 여러 고을 양반들의 자제를 모아 『소학小學』・『심경心經』・『근사록近思錄』・『사서四書』 등을 가르치고 재주와 학식이 뛰어난 자, 효성과 우애가 지극한 자를 선발해 조정에 추천하여 상을 내리도록 하였다. 또한 비록 남의 종이라 할지라도 효도와 우애가 두터운 사람에게는 가끔 음식과 옷을 주어 권장하고, 그 가운데서 특히 두드러진 사람에게는 신역身役을 면제하고 뒤에 정려旌閭를 내리도록 하였다.

허백당이 황해도관찰사로 있을 때, 양곡陽谷 소세양蘇世讓(14 86~1562)이 한 통의 편지를 보내왔다. 양곡이 조정에서 예조참판을 하고 있던 때로 판단된다.

세양은 머리를 숙여 편지를 드립니다. 형은 외직으로 나간 지 10년이 되었으니, 다 같은 노인으로 거듭 만날 기회가 없는바, 옛날 경연에서 은총 받던 일은 지금에 와서 생각할수록 마음이 쓸쓸해집니다.
오늘날의 조정에는 누구든지 강직한 성격을 가졌다면 하루도 머물러 있을 수 없을 것입니다. 형은 외직으로 나간 후로 날로 덕업德業을 드날린다고 하니, 내직에서 몸을 움츠리고 할 말도 제대로 못하면서 목숨이나 보전하려는 나로서는 도리어 부러운 마음이 듭니다. 세양은 요즘의 치욕과 고난을 말하려면 이가 아프고 눈물이 날 정도인 만큼, 그만 말할 필요조차 없기에 줄입니다.
가을철 매미 소리를 들을 때마다 벼슬을 그만두어야겠다는 생각이 물 흐르듯 합니다. 당장 시골로 돌아가 분수에 맞게 남은 날을 마치려고 하나, 반평생 나라 위한 마음을 하나도 제대로 실천하지 못했을 뿐 아니라, 뭇 소인들에게 떠밀려 깊은 함정에 빠지게 되어 오도 가도 못할 처지에 놓여 있으니 어떻게 해야 할지 모르겠습니다.

형은 훌륭한 포부를 갖고 오랫동안 외직에 나가 있으니, 이는 어찌 성세盛世의 흠결(欠節)이라 아니할 수 있겠습니까! 그러나 우리들은 유자儒者로서 이미 조정에 들어왔어도 이제는 이곳에 있을 수 없게 되었으니, 차라리 백성과 사직社稷에 덕을 베풀고 배운 바를 행하는 일이 나을 듯합니다.

어떤 사람이 와서 형의 치적을 이야기하는데, 옛날에도 드문 선정善政이라고 하니 어찌 기뻐하지 아니할 수 있겠습니까! 청백리에 뽑힌 것은 자손에게 전해지면서 유안지모遺安之謨(자손이 편안해지는 구상)가 족히 될 수 있으니 스스로 위로할 만합니다. 형의 자제는 서연書筵에서 조석으로 정학을 강론하고 있으니 요순堯舜 임금의 훌륭한 다스림을 다시 보게 될는지 기대하는 마음 이루 말할 수 없습니다.

함허공涵虛公(洪貴達)의 문장은 한 번 상전벽해를 겪은 후 한 편도 남은 것이 없다 하니, 어찌 이럴 수가 있겠습니까! 형은 요즘 혹 그 본가 사람을 만났는지, 혹 인편이 있다면 알려주시기 바랍니다.

소세양은 허백당보다 19세 연하로서, 오래 전 내직에 있을 때부터 서로가 잘 아는 사이였다. 1526년 허백당이 경주부윤으로 있을 당시에 소세양은 경상도관찰사였다. 그때 허백당의 장자 잠암 김의정이 문과에 급제하였다. 허백당은 지인들을 초청하여 문희연聞喜宴을 열었는데, 소세양도 회재 이언적과 함께 참석한 바 있다. 몇 년 전 문희연에서 만났던 소세양이 예의를 갖추어 보낸 편지에서 우리는 여러 가지 내용을 읽을 수 있다.

소세양은 허백당을 형이라 부르면서, 한때 임금을 모시고 했던 경연에서 칭찬받던 일을 떠올리며 대선배의 마음을 헤아린다. 그런가 하면 지금 조정에서는 바른말을 하기가 어려워서 그는 스스로를 부끄럽게 생각한다. 또한 자신은 어려운 내직생활로 고민하고 있는 반면, 허백당은 포부를 갖고 외직에서 아름다운 치적을 남기는 데 대해 부러워한다. 그럼에도 허백당이 내직에 있지 않고 오래도록 외직에 있는 것이 나라를 위해서 안타까운 일이라고 한다. 이어서 허백당이 청백리로 뽑힌 것을 축하하고, 그로 말미암아 자손들에게도 좋은 감화가 있을 것이라는 덕담을 한다. 허백당의 자제 또한 왕세자에게 올바른 강연을 하고 있으니, 향후 나라 정책에 매우 바람직한 변화가 있을 것으로 기대하고 있다.

끝으로 홍귀달洪貴達의 뜻과 정신이 담긴 글이 정변 속에 모두 없어진 것을 개탄하고 있다. 그는 성종 때 도승지로서 연산군의 생모 윤씨의 폐비에 반대하다가 투옥되었을 뿐만 아니라, 무오사화 때는 연산군의 난폭한 정치에 10여 조목을 들어 간諫하다가 좌천당했고, 이어서 손녀를 궁궐로 들이라는 왕명을 거역하여 갑자사화를 촉발시킨 인물로 지목된 올곧은 대신이었다.

이런 내용의 서신을 보내온 점으로 볼 때, 소세양은 대선배 허백당의 포부와 의식을 긍정하면서 높이 평가하고, 당시의 정국과 나라를 걱정하는 마음에서는 허백당과 같은 입장에 있었음을 짐작할 수 있다.

그 후 허백당은 1531년 공조참판, 1533년 충청도관찰사 등을 지냈다. 40여 년에 이르는 관직생활 내내 재물이나 관직에 욕심을 부리지 않는 청백정신淸白情神으로 백성들의 고충을 헤아려 선정을 베풀고, 참되고 값진 것이라면 맡은 바 책임을 다하는 삶을 살고자 하였다. 허백당은 예천군 감천면 물계서원勿溪書院에 배향되어 있었는데, 서원은 훼철되어 지금은 강당만 남았다.

2. 가학을 계승한 허백당의 아들과 손자

　　허백당은 아들 둘을 두었다. 맏이는 잠암潛庵 김의정金義貞 (1495~1547)이고, 둘째는 신암愼庵 김순정金順貞(1497~1577)이다. 잠암의 후손들은 거의가 안동 오미와 봉화 오록을 중심으로 하는 경북 북부권에 세거하였고, 신암의 후손들은 파주 가야 일원에 세거하였다. 그래서 허백당으로부터 시작하여 증손자 유연당 김대현으로 이어지는 종가 계열을 다루는 이 글에서는 신암의 후손 계열을 논외로 하고자 한다.

　　잠암 김의정은 한양 장의동에서 태어났으며, 천성적으로 공부하기를 좋아하였다. 어릴 때부터 몸이 아파도 자신을 돌보지 않고 공부에 몰입하여 허백당이 걱정을 할 정도였다. 10여 세에 이미 경사經史와 백가百家에 두루 통하고, 약관에 문장을 이루어 1516년(중종 11)에 생진시에 급제하였다. 성균관에 입학하여 이행李荇, 김정국金正國 등의 선비들과 교유하였고, 1526년(중종 21)에 문과에 급제하였다.

문과에 급제하였을 때 중종은 잠암에게 홍문관정자正字를 제수하고 휴가까지 내려서 부친 허백당이 부윤으로 재임하는 경주에 근친하도록 하였다. 잠암은 경주로 내려가면서 「춘풍사春風辭」라는 시를 지어 왕과 어버이에 대한 은혜를 노래하였다.

봄바람 일어나고 가랑비 내리는데	春風起兮零雨霏
버들엔 거위 앉고 기러기 북녘으로 돌아가네.	鵝着柳兮雁北歸
난초 싹 돋아나고 온갖 풀 향기로운데	蘭芽苗兮百草芳
임금님 생각하니 가슴속이 메어 온다.	思美人兮結中腸
외로운 등불 앞에 홀로 앉았다가	澹孤燈兮棲洞房
새벽이 밝아오자 한강을 건너네.	明發曙兮渡漢江
멀리 계신 부모님을 찾아가 뵙고자	白雲遠兮心難降
진흙탕길 거쳐서 옛 역에 이르렀네.	衝泥淖兮投古驛
남행길 아득한데 해마저 저무나니	南路永兮羲御落
서울을 돌아보니 산악이 막혔구나.	回首長安兮山嶽隔

잠암은 인격의 바탕이 거의 『소학』에서 이루어진다고 하여

『소학』을 매우 좋아하였다. 누구에게나 『소학』공부를 권했고, "공부 방법은 오직 효제孝悌뿐이니 요순의 도道도 여기에 지나지 않는다"라고 하였다. 그리고 『심경』·『근사록』 등을 즐겨 읽었다. 잠암이 『소학』을 신명으로 받든 것은 한훤당 김굉필과 정암 조광조를 잇는 계열의 학문적 자세를 따르고 수신하였다는 뜻이다. 한훤당은 모든 처신을 『소학』에 따라 행하고 『소학』에 심취하였으므로, 사림들 사이에서 '소학동자'라고 불렸다. 그런 한훤당이 무오사화로 유배되고, 기묘사화로 인해 사림들이 『소학』을 흉서로 기피하는 상황 속에서, 잠암이 『소학』을 받든 것은 바로 굳건한 사림의 정신이라고 평가된다.

그러나 사화가 연속되는 정국에서 잠암은 도학에 기초하여 점진적인 개혁이 이루어지기를 기대하였다. 중종 초에 조광조 등 신진 도학자들이 왕도정치를 실현하고자 개혁을 단행할 무렵, 사림들이 잠암에게 몰려와 "이제 옛 도덕을 다시 보게 되었다"라고 지지하였다. 이에 잠암은 "그처럼 갑자기 개혁을 하려다가는 도리어 행도行道를 그르칠까 두렵다"라고 염려하였다. 얼마 지나지 않아 기묘사화가 일어나자 그들을 두둔하던 자들이 도리어 개혁정치를 비방하였다. 이때 잠암은 "그것은 도덕에 잘못이 있는 것이 아니며, 실은 세도世道와 천운天運 때문이다. 오늘 도를 실현하려던 인재들이 모두 참혹한 화를 입은 마당에 우리 도는 이제 설 땅이 없게 되어 마음이 아프다. 그대들은 다만 형세形勢만을 쫓아갈 뿐인가" 하고 개탄하니 듣는 사람들이 부끄러워하였다.

잠암은 1529년(중종 24)에 홍문관저작著作으로 세자시강원사서司書를 겸했는데, 당시 세자(후일의 인종)가 학업에 열중하며 잠암의 말을 잘 받아들여 예우를 극진히 하자, 김안로 등이 잠암을 시기하기에 이르렀다. 이에 잠암은 풍산 별서에 내려와 10여 년을 지냈다. 그 후 다시 예조정랑 겸 춘추관기주관 등의 관직에 올랐으며, 1543년에 김인후와 함께 소명을 받고 경연관이 되었다.

이듬해 중종이 승하하고, 그 이듬해 또 인종이 변을 당해 승하하였다. 이에 잠암은 시골로 돌아와 문을 닫고 교유를 끊어 버린 채 시문과 더불어 여생을 보냈다. 이때 호를 유경당幽敬堂에서

잠암 김의정 문정공 시호교지*

잠암으로 고치고 마을 이름도 오릉동에서 오묘동으로 바꾸고 은 거하였는데, 이는 자신을 낮추고 소박하게 하려는 의도였다.

더욱이 잠암은 외아들 김석金錫이 벼슬길로 나아가지 말고 농사짓고 살기를 바라며 김농金農으로 개명하게 하였다. 아들 이름에 농사를 뜻하는 글자를 쓴 것은 구릉을 뜻하는 능陵 자 대신에 밭이랑을 뜻하는 묘畝 자를 써서 마을 이름을 바꾼 것과 은일 지사적 정신에서 상통한다. 일련의 처사적 처신은 을사사화를 일으킨 집권층에 대한 반감의 표현이다.

잠암은 1863년에 문정文靖이라는 시호를 받았다.

화남華南 김농金農(1534~1591)은 과거에 합격하지는 않았으되 수차례 벼슬길의 부름을 받았지만 아버지의 뜻에 따라 나아가지 않았다. 1565년(명종 20)에는 보우탄핵상소에 참여하여 「청참보우소일기請斬普雨疏日記」를 남겼다. 이 상소는 문정왕후의 죽음 이후 문정왕후를 등에 업고 권력을 휘두르던 윤원형에 대한 탄핵의 성격을 띤다. 당시 소두는 남명 조식의 문인이었던 김우굉이었다. 화남은 아버지 잠암과 마찬가지로 사림파적 성향을 뚜렷하게 보인다.

그럼에도 가세가 기울자 만년에 준원전濬源殿참봉, 용궁현감, 장예원사의 등을 지냈다. 1576년(선조 9) 용궁현감으로 재임 시, 풍수지리설에 따라서 아들 유연당에게 오묘동 종택을 지금의 영감댁 터에서 현재의 자리로 이건 중수하도록 하였다.

화남은 특히 매화를 좋아하여 십매시十梅詩를 짓고 즐겨 읊었다. 다음 매화 시 한 수를 보자. 당시의 암울했던 정국 속에서도 매화에 갈무리된 새봄을 통하여 새로운 세상이 올 것이라는 기대를 은유적으로 표현하고 있다.

겨울 눈 나무를 온통 뒤덮었다가 　　　　　朔雪封樹顚
얼음이 녹아드니 맑은 물 불어나네. 　　　凌澌漲淸濱
누가 알랴 베어 버린 그루 속에 　　　　　那知僵槎裡
조용히 한 해 봄이 깃들어 있을 줄. 　　　暗着一年春
　　　　　　　　　　　　　　　　　　　　「홍매紅梅」

3. 유연당 김대현의 자녀교육과 구국활동

유연당은 우계牛溪 성혼成渾(1535~1598)의 문인으로 1582년 생원시에 합격하고 1595년 학행으로 천거되어 산음현감이 되었다. 임진왜란 때에는 향병을 조직하여 안집사安集使 김륵金玏의 휘하에서 활약하였다.

그는 퇴계를 존경하고 흠모하였으나 직접 배우지는 않았고 퇴계의 고제들에게 가서 학문을 닦은 적도 없다. 이 무렵에도 풍산김씨 가문은 가학家學의 전통에다가 기호사림파의 성향이 다소 있었다. 그러나 후일 명재明齋 윤증尹拯은 유연당을 기호사림으로 평가하지 않았다. 그것은 유연당이 초기에는 우계로부터 배웠지만 성숙기에는 기호사림과 동질성이나 유대가 없었다는 뜻이다. 이 가문의 학맥이 퇴계학맥에 닿은 것은 유연당의 아들 대에 이루어졌다. 이미 유연당의 스승 우계 성혼이 율곡과 행한 인심도심人心道心논쟁에서 퇴계의 학설을 지지했다는 점에서 유연당은 퇴계학맥과 연결될 가능성이 열려 있었다고 하겠다.

허백당종가를 유연당종가라고도 한다. 유연당 김대현의 임란구국활동 실적이 높이 평가받았고 그로 인해 불천위로 추대되었기 때문이다. 종법에 근거하여 허백당이 하나의 종宗을 이룬 것인데, 그의 장증손자 유연당이 또 하나의 종을 이루었다. 그만큼 유연당의 활약이 그의 아들 8형제에 대한 성공적인 교육과 더불어서 빛났다는 뜻이다.

유연당과 그의 배위 전주이씨 사이에서 11남매가 태어났고, 유연당 부부는 아이들에 대한 교육을 특별히 중요하게 생각하였다. 자녀들의 올바른 교육과 성장을 위해 실생활, 수양, 대인관계 등 생활 전반에 걸쳐 두고두고 좌우명이 될 만한 내용의 가훈을 만들었다.

① 부모에게 효도하고, 형제간의 우애는 하늘의 근본이니 몸 가짐을 예법에 맞게 하며, 일 처리는 정밀하고 상세히 하고, 스스로 그 도리를 실천할 것을 생각하라.(孝友根天, 持身中規, 處事精詳, 自靖其道.)

② 바른 마음을 근본으로 삼아 신체를 잘 보존하고, 학업에 정

진하여 재능에 맞는 일자리를 구하고, 질투하거나 욕심 부리지 말라.(正心有本, 身體保中, 學業精進, 適材以職, 不不求.)

③ 부지런하고 검소한 생활태도를 기르고, 충직하고 남을 아끼는 덕을 길러서 사람이 행해야 할 바른길을 근본으로 삼아 아홉 가지를 생각하고 세 가지를 경계하라.(勤儉恒養, 忠恕養德, 道德爲綱, 九思三戒.) ＊＊九思는 視思明, 聽思聰, 色思溫, 貌思恭, 言思忠, 事思敬, 疑思問, 忿思難, 見得思義이며, 三戒는 少年女色, 壯年鬪爭, 老年利慾을 말한다.

④ 모든 사람을 친밀히 하고 아껴서 도움이 되는 세 벗을 사귀며, 은혜를 잊지 말고 원수는 맺지 말라.(親愛近遠, 益友三交, 恩惠莫忘, 讐怨莫結.)

위에서 볼 때, ①은 효도와 우애를 사람의 근본 도리라 하면서 그 실천을 강조한 것이다. ②는 마음과 몸을 닦아 학업에 정진하고 재능에 맞는 일자리를 찾아서 바른 마음으로 일하라고 한 것이다. ③은 근면검소하게 생활하고, 충직하고 타인을 배려하며, 사람의 바른길을 근본으로 삼아 지킬 것은 지키고 경계할 것은 경계하라는 것이다. ④는 사람들과 좋은 인간관계를 형성하고 참된 벗을 사귀어야 좋다는 것이다.

이러한 가훈은 유연당 자녀들에게 교훈이 되어 그들이 올바로 성장하는 데 매일매일의 가르침이 되었으리라 짐작된다. 가훈의 내용으로 보건대, 부에 대한 것은 없고, 오직 사람됨이 가장 중요하다는 전제에서 사람으로서 가져야 할 유교적 덕목과 도리가 그 중심에 놓여 있다. 부모, 형제, 친구 관계를 비롯하여, 신체와 마음수양, 근면하고 검소한 자세, 덕을 쌓는 일과 같은 것이 핵심이다. 이러한 가훈을 만든 데에는 유연당 부부의 생각이 반영되어 있고, 그 자신도 이러한 가훈에 따라 생활하고자 노력했음을 엿볼 수 있다.

이러한 가르침에 따라 아들 여덟이 소과에 급제하고, 그 가운데 다섯이 대과에 급제하는 경사를 이루었다. 이에 인조는 마을 이름을 오미동으로 하사하였고, 우복 정경세는 이 소식을 듣고 "덕德을 쌓은 분은 조상의 덕을 입어 그 후손이 반드시 창성한다고 했는데, 이 말은 바로 믿을 만한 일이니 천리天理는 반드시 정해져 있는 것이다"라고 하였다.

유연당은 본래 마음씨가 온화하고 기질이 유연하여 덕성이 너그럽고, 사람을 사랑하며 의리를 중시했다. 뜻을 같이하던 벗이 문둥병에 걸리자 친구들이 모두 피하고 보지 않았는데, 유연당 홀로 예전처럼 왕래하며 같이 노닐고 심지어 서로 마주하여 먹고 마시기까지 했다. 어떤 이가 궁금해서 그 까닭을 묻자, "이 사람이 이 병에 걸린 것은 그의 죄가 아니다. 어찌 차마 평소에 서로 마음을 트고 지내던 의리를 등지고, 질병으로 죽느냐 사느냐 하는 즈음에 관계를 끊겠는가"라고 하니 그 사람이 감격하여 울었고, 그의 자제들은 유연당을 아버지처럼 여겼다. 또한 벗에게 지어 준 시에 "타고난 기질이 원래 너무 유약한 것이 아쉬워 매번 굳세어질 방법을 공부하였네"라고 하였다. 이를 보면 그가 평생 온화하면서도 절제가 있었던 것은 자신의 단점을 되돌아보고 바로잡으려는 공부가 있었기 때문이다.

유연당은 주로 고향 영주에 살면서 1589년 집 서편에 유연당이라는 건물을 짓고 이산서원장이 되었다. 유연당 건물에 대해 읊은 시에서 유연한 멋과 정취에 의미를 부여한다.

지친 새 한가한 구름은 저녁마다의 정경이니
지음으로는 천 년 전에 도연명이 있었다네.
한번 유연한 멋과 정취를 알고 나서는
인간세계 오마의 영광을 하찮게 보네.
倦鳥閒雲暮暮情   知音千載有淵明
一從會得悠然趣   藐視人間五馬榮

「유연당에서」(悠然堂)

유연당이 국가적으로 주목받는 일을 한 것은 임진왜란 때부터이다. "나라가 어지러우면 현명한 신하를 생각한다"라는 옛말을 떠올리게 한다. 그럼 유연당의 임란구국활동을 보도록 하자.

임진왜란이 발발하자 전 국토가 전쟁의 화마로 인하여 굶주린 주검이 길에 널려 있는 지경이었다. 당시 유연당이 살던 영주는 난리 피해가 비교적 적은 곳이었다. 그래서 사방에서 난민들이 모여들었는데, 유연당은 굶주린 사람들이 찾아오면 다음 끼니를 생각할 겨를도 없이 곡식을 나누어 주었다.

전란 이듬해인 1593년 조정에서 여러 읍에 명하여 진제장賑濟場을 열게 하였다. 그러나 일이 아전들에게 맡겨져서 그들의 협잡으로 정작 구호를 받아야 할 난민들은 제대로 혜택을 입지 못하여 서로 시체를 베고 죽어 갔다. 이를 안타까이 여긴 유연당은 상주의 몸이었으나 군수에게 자청하여 난민구호의 일을 맡아, 대문 앞에 구호의 장막을 치고 매일 아침저녁으로 몸소 나가 죽(구황용 죽)을 점검하고 완급을 조절하며 정성을 다해 수많은 난민들을 구제하였다. 그해 모진 전염병이 크게 번지고 거기에 더해 굶주린 백성들이 천연두에 걸려 무수히 목숨을 잃고 있었다. 그래서 환자의 친척과 형제자매들까지도 병자를 피하는 실정이었으나, 유연당은 버려진 환자를 일일이 찾아다니며 정성을 다하여 난민을 구호하였다. 그럼에도 조금도 싫어하는 기색이 없었고, 오직 진휼이 미치지 못할 것을 걱정하였다.

이렇게 왜란 중에 난민을 구제한 덕행이 사실대로 세상에 널

리 알려지게 되었다. 영의정 이덕형李德馨과 호조참판 김륵이 수차례 서로 번갈아 유연당을 벼슬에 천거하자, 마지못해 1595년 늦은 나이에 지금의 경산과 청도 사이에 있는 성현도省峴道찰방으로 나갔다. 왜란 직후라 그곳은 적이 다니는 길목이어서, 왜적이 휩쓸고 간 그 일대는 참담할 정도로 황폐하였다. 왜적이 여전히 가까운 바다에 주둔해 있는 상태에서 유연당이 부임하여 흩어진 백성을 불러 모아 힘써 보호하면서, 역무에 종사하는 이졸吏卒들에게 불편이 있는 것은 고쳐 주고 나쁜 폐해는 조정에 알려서 바로잡으니 극도로 피폐해진 역의 형편이 회복되었다.

1598년(선조 31)에는 왕실의 물품을 관리하는 상의원직장尙衣院直長이 되어, 정유재란 때 명나라 지원군 사령관으로 서울에 머물던 형개邢玠를 위한 보급 실무자가 되었다. 그 이듬해 명나라 사령관을 잘 접대한 공로로 예빈시주부禮賓寺主簿가 되었다. 이해 별시의 초시에 응시하여 장원이 되었다. 1600년에 맏아들 학호에게 명하여 임진란 때 전소된 오미마을의 종택을 중건하고, 두 번째로 이산서원장이 되었다. 난후에 처음으로 덕망 있는 선생을 초빙하여 『가례』와 『소학』 등을 가르치고 실천하는 데 힘썼다.

유연당은 공사구별이 분명하고 선공후사 정신이 두터웠다. 1601년(선조 34)에는 산음(지금 산청)현감으로 부임하게 되었다. 당시 산음고을로 떠나려는 유연당을 위해, 안동부사를 지냈던 대사헌 황섬黃暹(1544~1616)이 쓴 전송시가 남아 있다.

읍하여 산음현감 전송하니 　　　　　揖送山陰宰
길가의 버들잎 더욱 푸르도다. 　　　　歧頭柳色靑
그대여 돌아가 도사를 만나거든 　　　君歸逢道士
나를 위해 환아경 부탁해 보오. 　　　爲請換鵝經

　　유연당은 산음현감으로 부임하자 녹봉을 털어 왜란으로 폐허가 된 향교를 중건하고 생도들을 격려하여 문풍을 크게 진작시켰다. 다스림이 공정하여 아랫사람에게 명령하되, 비록 보잘것없는 채소조차도 허가 없이 관아에 들이지 못하게 할 정도로 청렴하였다.

　　하루는 재종형 김정현金挺賢이 산음고을을 지나는 길에 들렀는데, 사또의 방에 가재도구가 하나도 없고 초라한 살림으로 말미암아 아이가 배고파 칭얼대고 있었다. 이를 보고, 김정현이 "왜 이렇게까지 스스로 고생을 하느냐" 며 걱정을 하자 유연당은 다만 한 번 웃을 뿐이었다 하니 얼마나 청렴했는지 짐작할 수 있다.

　　그러나 공적으로는 백성들에게 베풀고자 하였다. 향교를 새로 짓고 나서 고을에 70세 이상의 노인들을 환아정換鵝亭 옛터로 초청하여 양로연養老宴을 열어 직접 대접하고 함께 가무도 즐기면서 놀았다. 참석하지 못한 노인들에게는 지팡이와 쌀, 고기를 별도로 보냈다. 이에 정언正言 오장吳長이 "지팡이는 몸을 부축하는 데 약한 손자보다 낫다"라고 감사의 글을 써서 예를 표했다.

1602년 여가를 내어 고향 오묘동 선영에 가토하고 성묘한 후 산음고을로 돌아와 병석에 누워서 일어나지 못했다. 향년 50세에 불과했다. 세상을 떠났을 때 옷상자에 옷이 없었다. 정언 오장, 필선弼善 권집權潗, 생원 박문영朴文榠 등이 옷을 벗어 수의를 마련하여 염습을 하였다. 함안군수 고상안高尙顏이 여러 고을에 부음을 내고, 선비들이 지성으로 도와 상례를 치르는데, 발인일에 읍민이 모두 모여 선정 목민관을 애도하며 눈물을 흘렸다.

그런가 하면 벽오碧梧 김태金兌는 산음에서 안동까지 5백 리 길의 운구를 마치고 돌아갔다. 더 놀라운 일은 유연당의 부인 전주이씨가 상례 때 도와준 산음고을 사람들을 위하여 정성 어린 물건을 만든 것이다.

장례를 마친 몇 달 뒤 겨울철 어느 날, 자제 한 사람이 어머니에게 여느 때처럼 문안인사를 드리러 갔는데, 가만히 보니 방 안에서 머리에 흰 무명수건을 둘러쓰고 있었다.

"어머니, 웬 수건을 쓰고 계십니까?" 하고 물으니

"겨울철이라 머리가 선뜻한 바람이 이는 구나"라고 하였다.

아무래도 이상한 느낌이 든 자제는

"어머니 그 수건이 어디서 나왔습니까?" 하고 또 물으면서 손을 어머니 머리 쪽으로 내미니, 어머니는 수건을 손으로 꾹 누르시며

"나는 이 수건을 오랫동안 벗을 수 없다" 하고 눈물을 삼키며 일어서더니, 벽장 안에서 검은 줄이 얼룩덜룩한 한 켤레의 짚신을 내놓았다. 자제는 더 이상한 느낌이 들어 짚신을 이리저리 들고 보다가 비로소 알아차리고 깜짝 놀라면서,

"어머니 어찌된 일입니까? 이 신이…… " 하고 두 손을 꼭 잡았다.

"나는 지난 봄 너의 아버지 초상 때 도와준 산음고을 사람들에게 결초보은코자 곰곰이 생각해 보았다. 나의 모든 정성을 다드리기 위해, 삭발하여 짚과 함께 신을 삼게 하였다. 이것이 내성의이니 그분들에게 갖다드려라"라고 하므로 자제는 그 신을 깨끗한 보자기에 싸서 가슴에 안고 5백 리 길을 떠났다.

수일 후 산음의 필선 권집에게 자초지종을 이야기하고 신을 싼 보자기를 건네주었다. 그는 깜짝 놀라면서 그 정성 어린 신을 거절도 반송도 할 수 없어 오장, 박문영 등과 상의한 끝에 작은 사당을 지어 보관하였다.

그 후 270여 년이 지난 1870년대 어느 날 산음고을의 권씨댁에서 동도회同道會를 결성한 여러 선비의 후손들이 모임을 가졌는데, 그때 후손 운재雲齋 김병황金秉璜이 참석하였다가 그분들이 사연과 함께 돌려주는 신을 받아 곱게 싸안고 돌아와서 부인의 묘소 곁에 묻었다고 한다.

참으로 아름답고 놀라운 이야기이다. 남편의 임지에서 장례를 도와준 사람들에 대한 결초보은의 심정이 이렇게 꽃피워졌다. 자신의 머리카락을 잘라서 볏짚과 함께 섞어 정성껏 짚신을 삼아 5백 리 길을 머다 않고 전했던 것이다. 더구나 산음고을 사람들은 이 신을 어찌할 수 없어 사당을 지어서 모셨다고 하니 또한 놀라운 일이다. 고을 사람들은 전임 사또 부인의 머리카락으로 만들어진 짚신을 사당에 모셔 놓고 사또 재임 당시의 여러 행적을 떠올리고 기렸을 것이다.

이 이야기를 통하여 머리카락을 넣어서 삼은 짚신은 마음과 정성을 다하여 애틋하게 전하는 상징물이라는 인식을 읽을 수 있다. 안동대학교 박물관에도 이와 유사한 유물이 소장되어 있다. 1998년 안동시 정하동 고성이씨 이응태李應台(1556~1586)의 무덤에서 출토된 '머리카락으로 짠 미투리' 이다. 이 미투리는 병석에서 사경을 헤매는 젊은 남편을 위하여 부인이 삼아서 준 것이다. 이로써 조선 중기에는 여인이 삭발하여 그 머리카락으로 신을 삼아 주는 '직발조리織髮造履'의 풍습이 있었음을 알 수 있다.

유연당은 임란 후 1600년에 두 번째 이산서원장이 되었다. 그러면서 허백당 종손으로서 고향 오미마을을 언제나 마음속에 두고 있었다. 아들 다섯이 대과에 급제한 것을 치하해서 1629년에 이조참판에 추증되었으며, 그 이듬해는 임금이 제문을 내릴 정도로 조정에서 주목받는 일가를 이루었다.

유연당은 투철한 유가적 교육관을 갖고 가정에서나 고을에서 실천하였다. 전란으로 국가가 위태롭고 백성들의 삶이 피폐해지면 스스로 구제하는 한편, 초야에 있을 때는 임금에게 상소문을 올려 직설적으로 임금의 잘못을 지적하였다. 또한 관리가 되어서는 오로지 백성을 살리고 나라를 구하는 데에만 열중하였다.

두 가지 상소문을 보도록 하자. 하나는 임란 당시 절대로 강화를 하지 말아야 한다는 척화소이고, 다른 하나는 임란 피해 복구를 위한 적극적 제안이다.

> 이른바 큰 근본은 전하의 마음이며, 급선무는 바로 척화입니다.…… 전하께서는 반드시 명나라 장수의 그릇된 계산을 따르지 않아야 합니다. 더구나 왜놈은 간사한 속임수를 반복하는 것이 요나라와 금나라보다 심하니, 은혜와 믿음으로 맺거나 인의로도 대할 수 없습니다. 가령 하루아침에 성공하여 물러나더라도 물러난 뒤에 하자를 지적하거나 허물을 지어내어 만족함이 없는 욕심으로 방자하게 굴며 따르기 어려운 청을 한다면 비록 후회하더라도 어떻게 할 수 있겠습니까?
>
> 「척화소斥和疏」

> 신은 삼가 살피건대 전하께서는 만백성이 하늘의 도움을 받지 못하는 재앙을 만나고 왜구가 중화를 어지럽히는 변란에 직면

하여, 종묘가 빈터가 되고 온 나라가 파괴되며, 두 대군이 포로로 잡히며, 세 능묘가 재앙을 만나니, 전하께서 겪으신 난리가 또한 혹독하다고 할 만합니다. 적들이 경성을 떠난 지 이미 한 해가 넘었고 흉흉한 형세도 조금 물러났으니, 우리의 기운이 떨쳐야만 하는데, 인심은 예전처럼 흩어져 있고, 기강은 예전처럼 무너져 있으며, 군정도 예전처럼 해이합니다.

......

지금의 백성들은 서리를 만난 초목에 바람이 스치게 해서는 안 되는 것과 같습니다. 위로하고 어루만져 은덕으로 오게 하여야 하는 것이 어린아이를 보호하듯 하여도 오히려 반드시 보존되고 살아날 수 없을 터인데, 게다가 명령을 번거롭게 하고 정사를 가혹하게 다스리는 데야 어찌겠습니까? 요즈음 반포하시는 말씀 중에 첫째는 두 해의 세금을 한꺼번에 거두는 것이고, 둘째는 공물을 쌀로 내야 한다는 것입니다.

아! 2년의 전쟁으로 농토는 마침내 황폐해졌는데, 논마다 세금을 요구하니 이미 견디기 어렵습니다. 더구나 토지에 따라 바치는 세금은 이미 명령하여 세금을 덜거나 면제하였는데, 뒤이어 징세를 독촉하니 왕이 된 이의 다스림이 과연 이와 같은 것입니까? 이로부터 슬피 여기고 불쌍히 여기는 말씀을 여러 번 내렸지만 참으로 믿음직스럽지 못한 점이 있고, 가혹하게 빼앗는 독함은 날로 급해지니 백성들은 어쩔 줄 모릅니다.

……

인심을 수습할 수 있는 세 가지 계책이 있으니, '충성과 믿음을 보존하는 것'과 '청렴하고 검소함을 숭상하는 것'과 '선비의 습관을 변화시키는 것'입니다. 무엇을 두고 '충성과 믿음을 보존하는 것'이라고 말하는 것입니까? 나라를 다스리는 도는 사랑하고 용서하는 것보다 큰 것이 없어서 성인께서 "식량을 없애고 무기를 없애도 믿음은 없앨 수 없다"라고 말씀하셨으니, 군주가 힘써야 할 것이 어찌 충성과 믿음보다 큰 것이 있겠습니까?

……

무엇을 두고 '청렴하고 검소하다'고 말하겠습니까? 저는 듣건대 옛날의 성왕은 반드시 검소하고 절약함에 힘쓰고 사치를 경계하였습니다.…… 요즘 조정에 있는 신하들은 청렴하고 근면한 절조는 적고 오직 뇌물을 밝히니, 밖에서 애쓰는 신하들이 적개심의 실제가 없게 하고 오직 숙식과 거마의 대접에 힘써서, 취하는 자는 작은 수까지 다 취하고 쓰는 자는 진흙이나 모래 같이 대수롭지 않게 씁니다. 아전들은 이 때문에 방자하고 사납게 굴며 빼앗는 짓을 자행하여 명나라 사람들이 침 뱉고 욕하는 데 이르니 자못 괴이한 일입니다.

……

무엇을 두고 '선비의 기풍을 바꾼다'고 말하겠습니까?…… 선비의 기풍이 참으로 선하고 백성의 풍조가 참으로 두텁다면 비록 바깥으로부터의 침범이 있더라도 어찌 하루아침에 나라를 망하게 할 수 있겠습니까? 조정이 동서로 분당되면서부터 온 세상의 선비들은 옳고 그름을 정확히 보고서 그 소란스러움을 진압하지 못하시니, 이 때문에 조정은 시비가 많아지고 초야에는 공론이 없어져 마침내 인재는 사라지고 풍속은 각박하게 되었습니다.

……

이른바 '기강을 바르게 하지 않을 수 없다' 는 것은 무엇 때문입니까? 저는 들자니 나라에 기강이 있는 것은 사람에게 혈기가 있는 것과 같다고 합니다. 혈기가 왕성하면 고질병이 들더라도 죽지는 않으며, 기강이 있으면 난리가 극심하더라도 망하지는 않으니, 이는 필연적인 이치입니다.…… 기강이 한번 무너지면 모든 체제는 풀리고 흩어져, 고관대작들은 나태하여 일을 감당하지 못하고 낮은 관직에 있는 자들은 무능력하게 자기를 살찌우는 데만 힘쓰니 나라를 그르치고 일을 그르치는 것은 다만 이 이유 때문입니다.

「청회복구난소請恢復救難疏」

첫째 상소는 척화소이고, 둘째 상소는 난국을 구원하기를 청하는 소이다. 상소문을 보면 상대의 지위고하를 막론하고 학업으로 갈고 닦은 소신과 판단에 기초하여 적극적이고 분명한 의견을 피력하는 지조 있는 선비의 모습이 그대로 떠오른다. 나라가 어려운 상황에서 그 책임을 임금에게 묻고 바로잡도록 요구한 데서, 유연당 자신이 목민관이 되어서 어떻게 했을지 선명하게 다가온다. 게다가 유연당은 두 차례에 걸쳐 이산서원장을 지냈을 뿐만 아니라, 여덟 아들을 모두 잘 가르치고 길렀으니 훌륭한 교육자이기도 하다. 유연당이 풍산김씨 허백당 문중에서 두 번째 불천위로 추대되고 중흥조로 인식되는 근거는 바로 여기에 있다.

4. 유연당 아들 8형제의
'팔련오계' 경사

　　기호학맥이었던 허백당 가문이 퇴계학맥과 연결된 것은 '팔련오계'로 칭송되는 유연당의 아들 대부터였다. 유연당은 아들 아홉을 두었는데, 그 가운데 여덟째 아들 김술조金述祖가 낙동강에서 선유를 하다가 안타깝게 사망하였다. 남은 아들 8형제가 모두 소과에 합격하고, 5형제가 대과에 합격하였다. 이들에 대한 기본적인 정보와 학맥을 문중자료와 김형수 박사의 연구성과에 따라 제시하면 이렇다.

	이름	호	생몰연대	소과	대과	관직	장인(본관)	사승
1	봉조	학호	1572~1630	진사	문과	사헌부지평	김익(광산)	류성룡, 정구
2	영조	망와	1577~1648	생원	문과	이조참관	김성일(의성) 권래(안동)	장근, 류성룡
3	창조	잠암	1581~1637	진사		의금부도사	김원결(예안) 김경건(안동)	류성룡
4	경조	심곡	1583~1645	생원		이산현감	장여직(옥산)	류성룡
5	연조	광록	1585~1613	진사	문과	승문원정자	김집(의성)	오장, 류성룡, 정구
6	응조	학사	1587~1667	생원	문과	한성부우윤	김광(의성)	류성룡, 장현광, 정경세, 권두문, 권호신
7	염조	학음	1589~1652	생원		종친부전첨	류심(풍산)	류성룡
8	숭조	설송	1598~1632	진사	문과	승정원주서	김시주(의성)	류성룡

　　학호 김봉조는 서애 류성룡 문하에서 수학하였다. 1601년 진사시에 합격하고, 1613년 증광문과에 합격하여 벼슬이 사헌부 지평에 이르렀다. 임진왜란 당시에는 곽재우 장군 휘하에서 화 왕산성을 지켰으며, 병산서원 창건(1613)에 수년간 주된 역할을 하였다. 정인홍이 퇴계 이황과 회재 이언적의 문묘 배향을 반대 하자 이를 규탄하는 상소의 소두가 되었다. 정치적·학문적 입 장에서 정체성을 확고히 드러낸 것이다. 아버지 유연당이 재직

하던 단성(지금 산청)현감을 역임하였는데, 지역 주민들이 "부자분의 백성 사랑을 만세토록 잊지 못한다"는 유애비遺愛碑를 세웠다.

망와 김영조는 퇴계 이황의 문인인 장근에게서 글을 배웠다. 1601년 생원시에 합격하고, 1612년 증광문과에 합격하였다. 일찍이 할아버지 화남 김농이 "훗날 우리 집안을 빛낼 아이는 이 아이일 것"이라고 칭찬하였다. 학봉 김성일의 일본 기행문 『해사록海槎錄』을 빌려 본 것이 인연이 되어 그의 사위가 되었다. 광해군이 폐모하고 아우를 죽인 이후 관직에서 물러났다가 인조반정 후 다시 벼슬길에 나가서 이조참판에 이르렀다. 유림의 추앙으로 불천위로 모셔진다.

장암 김창조는 1605년 진사시에 합격하였다. 음직으로 벼슬길로 나가 의금부도사를 지냈다. 병자호란 당시 안방준安邦俊이 의병을 이끌고 남한산성으로 향할 때 자신의 녹봉으로 받은 쌀을 군량미로 내어 주었다. 이후 왕이 삼전도에서 청 태종에게 항복했다는 소식을 듣고 "태백산 속으로 들어가 농사나 짓겠다"며 관직에서 물러났다.

심곡 김경조는 1609년 생원시에 합격하였고, 음직으로 벼슬길에 나가 이산현감을 지냈다. 병자호란이 일어나자 관찰사 심연沈演과 함께 근왕병을 이끌고 남한산성으로 향하다가 왕이 항복하였다는 소식을 듣고 해산하였다.

광록 김연조는 안동 서미동 중대사에서 서애 류성룡에게 수학하여 1610년 진사시에 합격하고 1612년에 대과에 합격하여 벼슬이 승문원정자承文院正字에 이르렀다. 서애에게서 배울 때 "영민하고 부지런하여 그 또래 가운데 견줄 만한 사람이 적을 것"이라는 칭찬을 받았다. 17세에 부친이 위독하자 효행에 관한 고사에 나오는 것처럼 대변의 맛을 보고 병세를 징험하였다. 안타깝게도 29세에 요절하면서 아우와 아들에게 "적선積善하라"는 유언을 남겼다.

학사 김응조는 서애 류성룡, 여헌 장현광, 우복 정경세 등에게서 배웠다. 1613년 생원시에 합격하고 1623년 대과에 급제하여 여러 벼슬을 거쳤다. 1633년 병조정랑, 1634년 선산도호부사를 지냈으며, 1636년 병자호란 당시에는 중형 망와와 함께 남한산성에서 인조를 호종하였다. 그러나 왕이 삼전도에서 항복하자, 그 치욕을 누를 길 없어서 사직하고, 지금의 영주시 장수면 갈산 남쪽에 숨어 지내며 청나라 연호를 쓰지 않았다. 그 후 여러 관직이 내렸으나 모두 나가지 않다가, 마침내 1638년 인동도호부사로 부임하여 스승 여헌旅軒 장현광張顯光의 사당을 세워 영정을 봉안하고 문집을 간행했으며, 야은冶隱 길재吉再 선생 서원에 여헌선생을 추향하였다. 벼슬을 버리고 고향의 남쪽 학가산 아래 학사정鶴沙亭을 짓고 만년을 지내고자 하면서 「학사잡영鶴沙雜詠」을 남겼다.

1646년 이후 수찬, 부교리, 시강원 보덕, 응교, 사간 등을 지냈다. 1651년 사간으로 있을 때 임금에게 삼분모미三分耗米의 징수 철폐를 건의하여 성사시켰다. 삼분모미란 병자호란 이후 지나치게 자주 내왕하는 청의 사신 접대비용을 마련하기 위해 만든 일종의 세금이었다. 이는 일찍이 김응조 자신이 제안한 제도로서, 백성들에게 빌려 준 환곡에서 되받는 이자의 일부를 떼어 그 재정에 충당하는 방안이었다. 그러나 고을 아전들이 환곡의 이자 외에 삼분모미를 덧붙여 받아 백성들의 부담을 무겁게 한다는 실상이 드러났기 때문에 징수 철폐를 건의하였다. 같은 해 밀양 도호부사로 나갔으나 서너 달 뒤에 벼슬을 버리고 돌아왔다. 사실과 다르게 노비 추쇄에 협조하였다고 조정의 대간들이 논계를 하였다는 소식을 들었기 때문이다. 학사는 대간들의 입에 올랐다는 사실만으로도 바로 벼슬을 버리는 맑은 성품의 소유자였다. 1660년은 현종 원년인데, 가뭄이 극심하자 새 임금은 전국의 선비들에게 좋은 대책을 구하는 왕지王旨를 보냈다. 학사는 역대 임금들의 재난 구제책을 열거한 뒤에 굶어 죽은 백성들이 즐비한데 조세 부담은 전과 같음을 지적하고, 우선 굶주린 백성들을 구제하는 데 힘쓸 것을 진언하였다.

학사는 여덟 아들 가운데서 학문적으로나 정치적으로 가장 두드러진 활동을 하였다. 그래서 영남의 각 서원이나 정자를 비롯하여 당대 유명인사의 묘명 등 각처에 많은 명문을 남겼고, 유림의 추대로 불천위로 모셔졌다. 김형수 박사가 지적하였듯이,

학사는 월천 조목 계파와 서애 류성룡 계파가 대립하였을 때는 서애계를 변호하였고, 학봉계와 서애계가 분화되었을 때는 서애 학맥으로서의 정체성을 드러냈다.

학음 김염조는 재종숙 둔곡遁谷 김수현金壽賢에게 양자로 갔다. 학문을 좋아하고 문장이 뛰어나 음직으로 벼슬길로 나갔으며, 1635년(인조 13) 생원시에 합격하고 과천현감, 안산군수를 거쳐 종친부전첨宗親府典籤을 지냈다. 병자호란으로 나라가 위기에 이르렀을 때 부친 둔곡은 남한산성에서 인조를 호종하고, 학음은 현의 향리들과 함께 관악산 동굴에서 오랑캐와 대치하였는데, 용주龍洲 조경趙絅과 함께 죽음을 맹세하고 격문으로 많은 의병을 일으켜 과천을 지켜냈다. 오랑캐와 싸우는 중에도 상소를 올려 구호미를 하사받아 굶주린 백성들 구제에 힘썼다.

설송 김숭조는 5세에 부친을 여의고 백형 김봉조의 가르침을 받고 자랐다. 1624년(인조 2)에 진사시에 합격하고 1629년(인조 7)에 문과에 급제하였다. 이때 설송은 빼어난 외모와 단정한 행동으로 국왕의 주목을 받았다. 이에 인조가 어전으로 불러들여 세덕과 거주지를 묻고 '팔년오계지미'가 있음을 알고 마을 이름을 오미동으로 하사하였다. 승문원권지부정자에 임용되었고 승정원주서 겸 춘추관기주관이 되어 날마다 경연에 참여하여 뛰어난 은총을 받았다. 그러나 애석하게도 천연두에 걸려 회복하지 못하고 35세의 젊은 나이로 세상을 떠났다.

여덟 형제의 학문적 사승관계를 보면, 퇴계의 고제였던 서애 류성룡의 가르침을 받은 사람이 가장 많다. 그럼에도 혼인관계로 보면 풍산류씨, 광산김씨, 안동김씨도 있지만, 주로 의성김씨 청계파와 중첩적으로 혼인을 하고 있다. 이는 그 당시에는 서애 학맥과 학봉학맥이 대립적 성향을 띠지 않았기 때문으로 보인다. 이러한 혼인관계를 통하여 유연당과 그 아들 세대는 확실하게 안동지역의 명문과 연대하고 족세를 드넓게 확장하였다고 하겠다.

　　그리고 학호 김봉조가 정인홍 탄핵 상소를 올림으로써 퇴계 학맥의 정체성을 드러냈고, 학사 김응조의 활동으로 정치적으로나 학문적으로 서애계로서의 위상과 정체성을 표출하였다. 이로써 풍산김씨는 18세기부터 학봉학맥과는 상당한 거리를 두었으며 대표적인 서애학맥으로 자리 잡게 되었다.

5. 죽봉 김간의 무신란 창의

　　죽봉竹峯 김간金侃(1653~1735)은 김필신金弼臣과 예안이씨 사이
의 맏아들로 태어났다. 죽봉은 유연당 김대현의 현손이고, 심곡
김경조의 증손자이다. 1656년 4세가 되던 해 아버지가 요절하여,
백부 김세신金世臣의 집에서 자랐다. 어릴 때부터 남다른 재주와
비범함으로 조부 김시설金時卨로부터 많은 관심과 사랑을 받았
다. 어느 날 여러 아이들과 어울려 놀고 있는 김간을 바라보며 말
하기를, "닭 가운데 봉황이다"라고 하며 기특하게 여겼다고 한
다. 김간이 겨우 젖니(乳齒)를 갈 무렵에 아래와 같은 시를 지어
읊었다. 이를 본 주변의 여러 사람들은 김간이 훗날 높은 경지에
오를 것으로 기대하였다.

| 가을바람 기운 맑고 상쾌하니 | 秋風氣淸爽 |
| 나는 책 읽고 싶은 마음 사랑하네. | 我愛欲讀書 |

1668년 16세가 되던 해에는 어머니마저 여의는 슬픔을 겪었다. 이후 동생인 김현金俔에게 "일찍이 부모를 여의고 가난하기까지 하니 학문에 힘쓰지 않으면 문호를 이룰 수 없다"라고 하고서 뜻을 굽히지 않고 매일같이 독서에 몰두하였다. 김현의 살림살이는 가난하여 힘들었는데, 다른 마을에 살고 있다 보니 평소 도와줄 수 없는 것을 죽봉은 늘 안타깝게 여겼다. 겨울이 되면 옷을 보내고 곡식이 떨어지면 보내주었다. 조카 서옥瑞玉이 죽었을 때는 상장례에 필요한 물건을 모두 갖추어 친히 보내주기도 하였다. 이토록 의지가 굳고 인간미가 넘쳐났다.

죽봉은 일찍이 고산孤山 이유장李惟樟(1624~1701)의 문하에서 수학하고자 하였으나, 과부의 집 자제라는 이유로 거절당하였다. 그래서 하루가 멀다 하고 책을 끼고서 길가에 서 있었는데, 이를 본 이유장은 그 정성에 감탄하여 수학하도록 하였고 가르쳐 보고는 그의 비상함을 크게 칭찬하였다. 죽봉은 이유장의 제문祭文에서 "약관의 나이 때부터 문하에서 물 뿌리고 비질하는 일을 하여 비록 인도하여 가르치는 뜻을 능히 우러러 체득하지 못했으나 다행히 자못 어로漁撈를 분간하여 크게 어긋나는 데 빠지지 않을 수 있었던 것은 모두 선생의 은혜"라 하였다.

41세에는 진사가 되어 성균관에 들어갔다. 1701년 49세가 되던 해에는 향리에서 생활하고 있었는데, 당시 사계沙溪 김장생 金長生(1548~1631)을 문묘에 배향하자는 의논이 일어났다. 이때 영 남 유생들이 죽봉을 소두疏頭로 추대하여 반대하는 상소를 올리 고자 했다. 소두는 유생들로부터 두터운 신망을 받으면서도 임 무가 막중한 자리였다. 이는 죽봉의 「광양적행일기光陽謫行日記」 중 1700년 11월에 "…… 막중한 소두의 임무가 외람되게 나에게 미쳤다. 나는 누차 임무를 면해 주기를 청했으나 끝내 허락을 얻 지 못하였다. 소청을 안동부에 옮기기에 이르러서는 독촉과 압 박이 날로 심하게 되었다"라는 내용을 통해서도 알 수 있다. 상 소는 결국 승정원에서 저지를 당해 임금에게 올리지 못했으나 이 일을 계기로 죽봉은 다른 일에도 미움을 받고 무고를 당하여 광 양光陽으로 유배를 갔다 2년 만에 풀려났다. 상소를 한 탓에 성균 관의 벌을 받아 과거시험을 볼 자격도 박탈당했다.

죽봉은 「광양적행일기」에 1700년 10월부터 1701년 10월까 지 1년 동안 광양 유배기간의 일들을 기록해 두었다. 여기에는 호남 유생인 최운익崔雲翼 등이 김장생의 문묘종사를 청하는 상 소부터 영남 유생들의 반대 상소 작성 과정, 상소를 올리기 위해 한양으로 가는 과정, 승정원으로부터 저지를 받는 과정, 광양으 로 유배를 떠나 유배지에서 겪은 하루하루의 일 등이 상세히 적 혀 있다.

상소를 올린 지 약 10년쯤 지나서인 1710년에야 박탈되었던 과거 응시자격이 회복되어 증광문과를 치를 수 있게 되었다. 58세에 증광문과에 합격하여 승문원에 들어갔다. 관례에 따르면 나이 50이 다 된 사람은 승문원에 배정하지 않는데, 여러 사람이 죽봉을 뺄 수 없다는 데 의견을 모아 전적典籍의 직책을 맡았다.

이듬해 겨울에는 황산찰방黃山察訪에 제수되었다. 황산은 구석진 자리에 위치한 곳으로 폐단이 많아 역졸들의 괴로움이 많았으며, 그해에는 큰 기근으로 역졸들마저 흩어질 위기에 처했다. 친히 병영兵營과 수영水營에 가서 쌀 수백 포를 빌려 마을 사람들과 역졸들을 모두 구휼하고 이웃 마을 사람들까지 구제하였으며, 가을에 쌀을 갚을 때는 자비를 털어 모두 갚기도 하였다. 그리고 역 앞에 제방을 쌓아 마을 사람들이 농사를 그르치지 않도록 도왔고, 70세 이상의 남녀 노인들에게 잔치를 베풀었다. 이를 통해 죽봉의 넉넉한 성품과 애민정신을 엿볼 수 있다. 어사 여광조呂光朝는 조정에 "자신의 봉급을 덜어 백성을 살찌우니 치적이 으뜸입니다"라고 아뢰었고, 역참의 사람들은 죽봉이 떠나고 난 뒤에도 그를 사모하는 마음에서 비석을 세워 기렸다.

이후 10여 년이 더 지나서 내한內翰 이수익李壽益이 황산의 찰방이 되었을 때, 죽봉이 정한 법령을 준수하고 입이 마르도록 칭찬하였으며, 조정에 일개 찰방에서 끝낼 수 없다고 아뢰었다. 이에 사재감주부司宰監主簿에 제수되었고, 잇따라 예조좌랑, 예조정랑에 임명되었으나, 숙종의 승하로 69세의 나이에 고향으로 돌아왔다. 얼마 되지 않아 병조정랑에 제수되고 장령에 임명되었으나 나아가지 않았다. 그러고는 창설재蒼雪齋 권두경權斗經(1654~1725), 밀암密菴 이재李栽(1657~1730), 창포滄浦 나학천羅學川(1658~1731), 옥천玉川 조덕린趙德鄰(1658~1737) 등과 교유하며 지냈다.

죽봉은 문학에도 조예가 깊어 150수 이상의 시를 남겼다.

가로 세로 얽은 것이 정밀하니	經緯縱橫制且精
사방 고르기가 어찌 한결같이 평평한가.	四方均正一何平
바라봄에 절로 청량한 아취 있으니	看來自由淸凉趣
너를 사랑함은 바로 대를 사랑함일세.	愛爾非他愛竹情
	「대바구니」(竹籠)

달빛 아래 석 잔 술	月下三盃酒
주고받으니 온갖 시름 사라지네.	相酬萬慮空
초당에 좋은 밤 기니	草堂良夜永
흥을 타고 맑은 바람을 쐬네.	乘興倚淸風

땅 위에 신선이 있으니	地上有仙翁
맑고 한가롭게 저자에 은거하네.	淸閒隱市中
섬돌 사이에 소나무와 대나무 있어	階間松竹在

서로 벗하여 길이 따르네.   相伴永相從
　　「서가 초당 시에 차운하다(2수)」(次徐家草堂韻二首)

두 수의 시 소재는 모두 대나무이다. 첫째 시는 사방 균일하게 대오리로 엮은 대바구니를 보고 만든 솜씨를 칭찬하지만, 그보다는 재료가 된 대나무에 더 큰 의미를 부여하고 있다. 둘째 시는 초당에서 술을 마시면서 맑은 바람을 쐬기도 하지만, 신선이 되어 저자에 머물러 있는데, 섬돌 사이에 소나무와 대나무가 벗하고 있음에 주목한다. 죽봉이라는 호와 같이 선비의 꼿꼿한 지조를 상징하는 대나무를 특별히 사랑하였음을 알게 한다. 마을 뒷산 봉우리 죽자봉 또한 호와 연결되고 자신의 기상과 깊이 연관되어 있다.

1728년 76세가 되던 해 이인좌李麟左가 정희량鄭希亮과 함께 청주에서 군사를 일으켜 병사兵史 이봉상李鳳祥과 영장營將 남정년南廷年을 살해하였다는 비보가 안동까지 전해졌다. 이에 죽봉은 영남 사람이 난에 가담한 것을 부끄럽게 여기고 탄식하며 늙은 몸으로 자제와 집안의 종들을 거느리고 안동부로 들어갔다. 안무사安撫使 박사수朴師洙(1686~1739)를 만나 서로 탄식하며 충성심의 울분을 견디지 못하였으나, 곧바로 도내에 통문을 돌려 향리의 여러 선비들을 불러 모으고 각 고을에서 의병을 모집하였다. 통문은 창설재 권두경이 지었고, 당시 안동 13개 읍의 대부분

유림들이 참여했는데 의병이 3,400여 명이나 모였다고 한다. 이
때 용와慵窩 류승현柳升鉉(1680~1746)을 의병장으로 삼았는데, 류승
현이 의병을 데리고 출발하려고 하자 난이 평정되었다는 소식을
듣고 그만두게 된다.

1732년 80세에 통정대부의 품계에 올라 호군護軍에 임명되
었으며, 그 이듬해에는 장례원판결사掌隷院判決事가 되었다. 아들
김서운金瑞雲의 효행으로 사헌부지평을 증직 받기도 하였다. 만
년에는 죽봉의 덕망을 높이 사서 멀고 가까운 곳에서 찾아오는
손님이 남녀노소를 불문하고 끊이지 않았다고 한다.

죽봉은 부부 금실 또한 좋았는데, 부인 전의이씨全義李氏 역
시 성품이 온화하며 베풀기를 좋아하고 남편의 뜻을 어기는 법이
없었다. 1732년 부부가 된 지 60년이 되자 회혼례를 열어 이웃에
게 베풀었다. 3년 뒤 1735년 죽봉이 향년 83세로 생을 마감하였
고, 부인 전의이씨는 이듬해 남편을 따라 세상을 떠났다. 사림들
은 죽봉을 낙연서원洛淵書院에 모셨고 불천위로 추대하였다.

6. 노봉 김정의 오록 개기와 흥학

　　노봉蘆峯 김정金㑔(1670~1737)은 학사 김응조의 손자인 김휘봉
金輝鳳의 셋째 아들로 영주에서 태어났다. 1696년(숙종 22)에 진사
시에 합격하였고, 그해 겨울 노봉산蘆峯山 아래(지금의 봉화 오록리)
에 터를 잡아 이사하였다. 그래서 후손들은 노봉을 오록마을 개
기조開基祖로 추모한다.

　　1708년(숙종 34) 문과에 급제한 후 벼슬길에 올라 내섬시직장
內贍寺直長에 임명되고, 서빙고별제, 사헌부감찰, 1712년에 함경도
도사咸鏡道都事에 부임한 후 그 이듬해 벼슬을 그만두고 봉화 오록
리로 돌아와 9년간 학문에 전념하였다.

　　1722년(경종 2)에 세자시강원사서世子侍講院司書를 거쳐 옥천

봉화 오록마을 전경*

군수로 나갔다. 그 이듬해 이 고을에서 실화로 민가 600여 호와 관청 수백 칸 등 많은 재산을 불태운 사건이 발생했다. 이때 노봉은 그 막심한 피해를 1년 만에 모두 복구하였다. 3년 후 영조 때 치적이 임금에게 알려져서 표리表裏 한 벌을 하사받았고 이어 강릉도호부사로 임명되었다.

　　강릉부에 가서는 부내에 칠사당七事堂을 창건하고, 성가퀴(城堞), 저수지, 관청건물, 창고 등을 수리하는 데 70석의 곡식을 풀어 백성들의 가난을 해결하도록 하였다. 또한 소금(鹽硝)을 많이 구워 군비를 장만하면서 공금이나 백성을 동원하지 않고 자신의 봉급에서 떼어 경비에 충당하였다. 노봉이 떠난 다음 해 강릉고을 백성들이 어진 정치를 기리는 비를 세웠다. 그 후 함경도 강계부사 겸 관서우방어사關西右防禦使에 부임하여 다스린 이야기도 귀감이 된다. 노봉은 강계는 구석진 변방의 고을인지라 무엇보다 교육과 교화가 중요하다고 판단하였다. 그래서 백성을 교화하고 풍속을 바로잡기 위해 육덕六德과 육행六行 등의 권징문勸懲文 17조목을 만들어서 권장하니 인심과 풍속이 새로워졌다. 흉년이 들었을 때 노봉 스스로 1,600석의 곡식을 마련하여 굶주린 사람을 구제하자, 이 소문을 듣고 2,900여 호의 유민이 모여들었다고 하니 얼마나 성심을 다했는지를 짐작할 수 있다.

1731년(영조 6)에 벼슬을 그만두고 고향으로 돌아와서, 노봉정사를 짓고 후진을 양성하며 학업에 전념하였다. 3년 뒤에 다시 첨지중추부사僉知中樞府事가 되었고, 그 이듬해 제주목사濟州牧使 겸 호남방어사湖南防禦使가 되었다. 역시 백성 교화를 위해서 삼천三泉서당을 세우고 또한 존현당尊賢堂을 세워 원숙한 선비를 살게 하여 학생들을 가르치게 하였다. 게다가 제주의 관문이자 중요 항구인 화북포에 풍랑으로 정박한 배가 피해를 많이 입자, 노봉은 연간 1만여 명의 장정壯丁을 동원하여 선창을 쌓고 선창 위에 영송정迎送亭을 지어 공용 선박뿐만 아니라 사용 선박까지 점검하는 곳으로 사용하였다.

1737년(영조 13) 임기가 끝나서 떠나올 때 제주도 백성들은 길을 막고 눈물을 흘렸다고 한다. 그렇게 떠나온 이임길에 갑자기 병을 얻어 제주도에서 생을 마쳤다. 영조는 목사의 선정과 운명 소식을 접하고 전라, 충청, 경상 3도의 관찰사에게 명하여 장지까지 운상의 호송을 명하였다.

선창을 축성할 때 목사가 앞장서서 돌을 나르는 일을 했으니, 노봉이 세상을 떠난 지 120년 후인 1857년에 화북면민이 선창포구에 봉공비奉公碑를 세웠다. 그리고 1893년에는 제주도민이 이동동에 흥학비興學碑를 세우고 노봉의 정신을 기렸다.

노봉 김정은 불천위로 추대되어 봉화 오록의 가묘에 모셔지고, 제주도 영혜사永惠祠와 봉화 오천서원梧川書院에 배향되어 있다.

7. 민족운동에 몸 바친 후예들

　풍산김씨 허백당 문중은 한말, 나라가 풍전등화의 위기에 처하고 국권을 잃었을 때 분연히 일어선 독립운동가를 다수 배출하였다. 을사오적을 처단하라는 글을 유림에 배포하고 단식으로 자정순국한 김순흠에 이어서 김낙문, 김병태, 김만수, 김병련, 김지섭, 김보섭, 김재봉, 김구현 등 9인은 국가로부터 독립유공자로 포상을 받았다. 그 밖에도 다수의 인물들이 전국적으로 주목되는 독립운동을 활발하게 전개하였다.

　특히 문중의 학문적 전통이 집안 어른들의 가르침 속에서 독립운동을 추동하였다. 심곡 김경조의 12대손 운재 김병황의 가르침과 지도를 받은 아들 김응섭, 그리고 족질 김지섭, 손자뻘인 김재봉 등이 대표적이다. 일일이 다 살필 수 없으므로, 여기서는 몇몇 인물에 대해서만 김희곤 교수와 강윤정 박사의 연구성과에 따라 소개한다.

1) 최초의 자정 순국자, 김순흠

김순흠金舜欽(1840~1908)은 허백당 김양진의 14대손으로 풍산 수동水洞(현 풍산읍 수리)에서 김중관金重瓘의 맏아들로 태어났다. 자는 치화穉華이며, 호는 죽포竹圃이다.

1895년 을미의병이 일어나자 이듬해 안동과 예천, 의성을 다니며 의병을 모으는 일을 담당했다. 1905년 을사조약(을사늑약) 체결 소식을 듣고서는 넷째 아들인 김낙문을 이강년李康秊(1858~ 1908)에게 보내어 의병항쟁에 동참하도록 하였다. 김낙문은 이강 년이 전기의병에 이어 1907년 다시 의병을 일으킬 때 단양·충주·청주 전투에 참가하기도 하였다. 이때 3년 6개월 동안 옥고를 치르기도 하였고, 이후 의병자금을 지원하고 대한독립의군부에 가담하였으며, 민단조합 결성에 참여하는 등 활발한 활동을 하였다. 김순흠은 아들을 의병으로 보낸 다음 을사5적(이완용, 박제순, 이지용, 이근택, 권중현)의 매국행위를 규탄하는 글인 「토오적문 討五賊文」을 지어 전국 유림들에게 배포하고 의병자금 조달을 위해 노력하였다.

을사조약은 비준절차도 없었으며, 고종의 서명도 없이 을사 5적의 서명만으로 체결된 억지 국제 조약이다. 이에 한국의 외교권을 박탈하는 데 항의하거나 목숨을 내어 놓은 사람들이 줄을 지었다. 1910년 나라를 잃는 순간에는 전국에서 70여 명이 자정순국自靖殉國의 길을 택했으며 그 가운데 안동 사람이 10명이었다. 안동에서는 김순흠이 가장 먼저 자정순국의 길을 걸었다.

1907년에는 군대해산령으로 해산된 군인들이 의병대열에 참가하면서 민긍호·이강년 등의 의병활동이 활발해지자 이를 적극적으로 지원하였으나 실패하자 예전에 살던 예천군 감천면 진평리 서무뜰로 돌아왔다. 그리고는 더 이상 물러설 길이 없다는 생각이 들자 「서산가西山歌」를 지어 일본이 나라를 망치고 있어 백이와 숙제를 뒤따를 수밖에 없다는 심정을 드러냈다. 또한 면우俛宇 곽종석郭鍾錫(1846~1919)에게도 시詩를 보내어 자정순국의 길을 가겠다는 뜻을 전하기도 했다. 그리고 일본이 지배하는 땅에서 생산되는 곡식은 먹지 않겠다는 의지로 지난해 거두어들인 곡식으로 목숨을 연명했다.

그러다가 1908년 9월 6일부터 단식에 들어갔다. 자식들이 그를 만류하였으나 "아비가 죽으면 자식의 망극한 슬픔은 상례이겠으나, 나의 의리는 태산같이 무겁고, 죽음은 새털같이 가벼운 것이니, 너희들은 나의 뜻을 거스르지 말라"며 단호한 의지를 내비쳤다. 그리고 "내가 죽거든 빈소를 차려 곡哭은 하더라도 음식을 올리지는 마라. 왜적이 이 강토에서 물러나지 않는다면, 아무리 좋은 음식으로 제사하더라도 내 혼령은 반기지 않으리라"라고 단단히 일렀다. 단식을 한 지 6일째인 9월 11일에는 죽음을 애도하는 「자만시自輓詩」를 지었고, 13일째가 되는 날 밤에는 「자경구自警句」를 남겼으니, 이것이 그의 마지막 글이다.

이제 왜놈 되기를 면하였구나.	而今而後吾知免倭夫
의는 가히 태산보다 무겁고	義可重於泰山
죽음은 오히려 새털보다 가볍다.	死猶輕於鴻毛
생강과 계피는 묵어도 매운 것이니	薑桂老惟辣
나는 물성을 알았도다.	我己知物性

그리고 단식 23일째인 9월 28일 69세로 예천군 감천면 진평동의 깊은 골짜기에서 순국하였다. 훗날 그의 공훈을 기리기 위해 정부에서는 1977년 건국포장, 1990년 건국훈장 애국장을 추서하였다.

2) 검사직 버린 민족운동가, 김응섭

김응섭金應燮(1878~1957)은 오미마을 영감댁(洛厓 金斗欽 고택)에서 운재 김병황(1845~1914)과 풍산류씨 사이의 셋째 아들로 태어났다. 호는 동전東田이다. 그의 형제로는 정섭鼎燮·이섭履燮·규섭奎燮이 있으며, 종형宗兄으로 창섭昌燮(허백당 16대 종손)이 있다. 1882년 10월 가숙家塾에 입학하여 5세 때부터 아버지 김병황 아래에서 한학을 배우기 시작했다. 당시 김병황은 이름 있는 한학자로 추강秋岡 김지섭金祉燮, 근전槿田 김재봉金在鳳 등의 유망한 청년들을 가르쳤다.

김응섭은 1905년 12월 25일 법관양성소에 입학하여, 1907년 12월 25일에 졸업생 22명 가운데 5등으로 졸업하였다. 1908년 6월 20일 함흥지방재판소의 검사를 시작으로 평양지방재판소의 검사, 그해 11월 평양지방재판소 영변구재판소 판사로 옮겨 갔다. 1910년 8월 29일에는 조선총독부의 법관이 되었다. 그러나 일제의 관원으로 더 이상 살아갈 수 없어 1912년 6월 28일 사직하고 그해 7월 29일부터 평양에서 변호사로 활동하기 시작했다. 평양부平壤府 관후리館後里에서 홍진洪震과 사무실을 함께 썼는데, 훗날 이 두 사람은 상해와 만주에서 독립운동을 함께하는 동지가 되었다.

1915년부터는 대구지방검사국 소속 변호사로 활동하면서 상주에도 출장소를 냈다. 이 무렵 대구에서 비밀리에 조직된 조선국권회복단에 깊숙이 관여하기 시작하여 본격적으로 독립운동에 발을 들여놓았다. 조선국권회복단은 경상북도 달성군 수성면 대명동 안일암에서 달성친목회와 강의원간친회講議園懇親會를 기반으로 조직된 계몽운동 계열의 독립운동단체이다. 1919년에는 남형우南亨祐와 함께 중국 상해로 망명길에 오르는데, 이때 파리로 보낼 독립청원서 영문본을 가지고 갔다는 이야기가 전하지만 확실치는 않다. 당시 상해에서는 1919년 4월 10일 회의를 통해 대한민국을 세우고 독립할 때까지 이를 운영해 나갈 임시정부를 조직했는데, 여기에서 법무위원으로 뽑혔다.

그 후 만주로 가서 서로군정서의 법무사장法務司長이 되었다. 그는 여기에서 서로군정서를 후원하고자 만들어진 '조선독립운동후원의용단'에 깊이 관여하고 있었다. 의용단은 1920년 9월에 결성되어 1922년까지 활동한 국내 비밀결사조직이다. 그리고 김찬규金燦奎를 만나 국내에서 군자금을 모아 달라고 부탁했지만 그해 11월 무렵 김찬규가 일제에 세 차례나 검거되면서 군자금 모집활동은 중단되었다.

1921년에는 그해 5월에 조직된 이르쿠츠크파 고려공산당에 가입하여 활동하였다. 1922년 10월에는 베르흐네우진스크 고려공산당 연합대회에 출석하여 임시집행부 위원이 되었고, 1923년 6월에는 상하이에서 열린 국민대표회의에 참가하여 새로운 정부를 만들자는 창조파에 가담하여 국민위원이면서 법제경제위원장에 선임되었다. 그러나 블라디보스토크에서 신정부를 선언하려던 계획이 무너지자 길림성 반석현에 자리 잡았다. 여기에는 석주石洲 이상룡李相龍(1858~1932)과 일송一松 김동삼金東三(1878~

1937)을 비롯한 안동 출신들이 뿌리내리고 있었다. 한편 이 무렵 동포들을 계몽하고 단결시켜 신사회를 건설하는 데 목적을 둔 한족노동당이 설립되었는데, 여기서 김응섭은 중앙의사위원회의 위원장을 맡으면서 지도자로 급부상하였다. 당시 민족주의 계열에서는 김동삼을 대표로 압록강과 두만강 건너편 지역을 비롯하여 길림성과 흑룡강성 지역 전체를 장악하는 정부조직인 '정의부'를 조직했다.

1925년 중반에 접어들면서 한족노동당은 사회주의 색채를 강하게 띠기 시작하였고, 본부를 반석현으로 옮기면서부터 김응섭이 주도해 나갔다. 한족노동당에서는 문맹퇴치와 민중의 계몽을 위한 노동강습회 개최, 이주한인의 결집을 유도하기 위한 『노동보』발간이 추진되었다. 1928년에 한족노동당이 공산주의 농민운동조직인 재만농민동맹으로 개편되었는데, 김응섭은 중앙집행위원장을 맡았다. 1926년에는 조선공산당 만주총국의 위원으로 뽑혀 1927년까지 간부로 활약하였다. 1927년 좌우세력을 통합한 만주지역 민족유일당을 결성하였고, 길림 신안둔에서도 민족유일당을 결성하기 위해 김응섭, 안창호, 김동삼, 오동진, 박병희 등이 회의를 가졌다. 또 시사연구회라는 조직을 만들고 대표위원 5인에 속하여 활동을 펼쳤다.

1931년 3월 길림에서 장춘으로 가다가 일제에 붙잡혀 두 달가량의 옥고를 치렀다. 두 달 뒤에는 일제 경찰에 이끌려 대구로 이동하였는데 오랜 망명생활과 고문으로 건강이 매우 나쁜 상태였다. 해방 후에는 전국유교연맹을 이끌었고 1948년 4월에는 대표자격으로 평양에서 열린 남북정당사회단체대표자 연석회의에 참석하기도 했다. 그 자리에서 UN위원단의 철퇴, 단독정부수립 반대, 양군 철퇴를 주장했다. 그 후 철원에서 지내다가 한국전쟁이 일어나자 1950년 12월 고향인 오미마을에 돌아와 1957년 향년 79세로 생을 마감했다.

3) 일제 궁성에 폭탄 던진, 김지섭

김지섭金祉燮(1884~1928)은 오미마을에서 김병규金秉奎의 맏아들로 태어나 백부인 김병두金秉斗의 양자가 되었다. 호는 추강秋岡이다. 어릴 때부터 족숙인 운재 김병황에게서 한학을 수학하였다. 1907년 3월 24세가 되던 해에 보통학교 교원 시험에 합격하여 두 달 뒤 상주보통학교 교원으로 부임했으나, 1년 반 뒤인 1908년 11월 상경하여 재판소 취직을 준비하였다. 여기에는 집안의 형인 김응섭의 영향이 절대적으로 보인다. 서울에서는 사립 광화신숙廣化新塾 일어전문강습소에서 일본어를 익힌 뒤 재판소 번역관繙譯官 시험에 합격하여, 1909년 3월 전주구全州區 재판소 번역관보를 거쳐 같은 해 10월부터 금산구 재판소 번역관보 겸 서기로 근무하였다.

1909년 11월 법부가 폐지되고 통감부에 사법청이 개설되는 일명 '기유각서己酉覺書' 조치가 이루어졌다. 이로 인해 대한제국 법부 소속 재판소의 번역관 겸 서기가 아니라, 일제가 움직이는 통감부 재판소의 통역생 겸 서기가 된 것이다. 한편 1910년 나라를 잃은 슬픔과 함께 금산군수를 맡고 있던 홍범식洪範植이 자결을 하였는데, 자결하기에 앞서 유서와 편지가 들어 있는 상자를 김지섭에게 맡겼다. 홍범식이 죽기 직전에 마지막으로 만난 사람이 김지섭이었고, 유서를 가족에게 전달하는 역할도 했기에, 그의 자결을 김지섭은 충격으로 받아들였다. 그리고 얼마 후 1913년 1월 공주지방법원 영동지청의 통역생 겸 서기를 사직하였다.

1915년 김응섭이 변호사 사무실을 대구로 옮기고 상주에 출장소를 내자 김지섭은 거기서 서기를 맡았다. 1915년 조선국권회복단이 비밀리에 결성되고 김응섭이 참가하면서 곁에 있던 김지섭 역시 중국으로 망명하여 독립운동의 길에 들어서게 되었다. 김지섭은 김응섭과 달리 상해에만 머물지 않고 만주와 상해를 오가며 자신의 길을 스스로 찾아 나섰다. 1922년에는 상해에서 의열단에 가입하였는데, 이는 독립운동의 길에 첫 발걸음을 내딛은 것이다. 그는 당시 안동 현애 출신인 김시현金始顯, 청송 출신인 윤자영尹滋英과 친분을 쌓았는데, 세 사람 모두 상해파 고려공산당원이자 의열단원이었다. 특히 윤자영은 훗날 김지섭이 일본으로 잠입할 때 결정적으로 도움을 주었다.

1922년에는 김시현·유석현劉錫鉉과 함께 서울에 폭탄을 몰래 들여와서 조선총독부를 비롯한 주요 침략통치기관을 부수고 주요 인물을 처단하고자 했다. 1923년 3월 초순 대형 폭탄 3개, 소형 폭탄 20개를 서울로 들여오는 데 성공하였다. 비록 김시현과 유석현 등이 붙잡히는 바람에 폭탄을 써 보지도 못하고 실패하였지만, 한국독립운동사에서 국내로 가장 많은 무기를 들여온 것으로 평가된다.

1923년 9월 도쿄 일대를 아수라장으로 만든 '관동대지진'이 일어나자 일제는 교묘하게 조선인을 학살하였다. 우선 대지진의 잔해 속에서 '조선인들이 폭동을 일으킬 것'이라는 소문을 퍼뜨려 일본인의 관심을 다른 곳으로 돌렸다. 그러고는 '조선인을 보호한다'는 미명으로 모이게 한 다음 무자비한 학살을 하였으니, 희생자가 6천여 명이었다. 이 소식을 들은 의열단은 일본 제국의회를 공격하기로 결정하였고, 김지섭은 윤자영의 도움으로 폭탄을 가지고 일본으로 갔다. 도쿄에 가니 제국의회가 휴회 중이라 일본 왕궁으로 공격 목표를 바꾸었다. 1924년 1월 6일 왕궁으로 진입하려다가 입구에서 순사가 검문하자 폭탄 하나를 던졌고, 다리를 건너려고 할 찰나에 경계하고 있는 보병 두 사람이 총검을 겨누며 다가오자 이들을 향해 폭탄 두 개를 마저 던졌다. 안타깝게도 세 차례 던진 폭탄이 모두 터지지 않아 바로 붙잡혔다.

하지만 이 거사는 일본 천황을 겨냥한 것이기에 충격이 대단하였고, 일본은 보도를 철저히 통제하였다. 석 달 보름이 지나서 예심종결 결정이 내려진 이후에야 보도금지가 해제되어 널리 알려지게 되었다. 『독립신문』은 도쿄 거사를 소개하면서 '적 궁성의 의열 폭탄', '신년 새해 첫소리 딸각이들(일본인들) 가슴 놀래'라는 제목을 붙였다. 목표를 충분히 달성하지는 못했지만 일본 왕실과 정부의 권위를 추락시킨 엄청난 거사였다.

체포된 뒤 그의 법정투쟁은 거사를 더욱 값지게 만들었다. 오히려 '무죄 방면 아니면, 사형을 언도하라'고 요구했고, 변호사의 변호까지 거부하였다. 재판이 이루어지는 과정에서 혹독한 고문을 받기도 했으며, 경험을 바탕으로 법 집행의 불법성을 옥중에서 단식투쟁으로 세상에 알리려고 했다. 단식투쟁은 감옥 병동에 입원해서도 이어졌으며, 형무소장의 사과를 받은 뒤에야 그만두었다. 1925년 8월 12일 공소심에서도 무기징역을 언도 받자 변호사가 의논도 없이 상고하였는데, 김지섭은 8월 18일 이를 취소시켜 버렸다. 그러다가 형무소에서 1928년 2월 20일 갑자기 순국하였다. 1962년 공훈을 인정받아 건국훈장 대통령장이 추서되었다.

4) 조선공산당 초대 책임비서, 김재봉

김재봉金在鳳(1891~1944)은 오미마을의 참봉댁(학암고택)에서 김문섭金文燮과 진성이씨 사이의 맏아들로 태어났다. 그의 형제로는 재룡在龍 · 재하在河 · 재홍在鴻 · 재란在鸞이 있다. 호는 근전槿田이라 하였으니, 이는 무궁화 강토라는 뜻이다. 7세가 되던 해에 삼종조부인 운재 김병황으로부터 한학을 배웠고, 족숙인 김이섭金履燮과 김응섭金應燮 형제로부터 가학을 전수받았다. 1907년 무렵 정경세鄭經世(1563~1633)의 후손인 정연묵鄭演默의 맏딸 정재황鄭在凰과 혼인하였다.

그는 광명학교에서 소학교 과정을 마치고 서울 중동학교에 입학하였다. 이어서 1912년 3월 20일 조선총독부 직할로 운영되는 경성공업전습소에 입학하였고, 졸업한 뒤에는 귀향하였다. 1917년 김주섭金胄燮과 함께 고향마을에 신교육기관인 오릉학술강습회(소)를 만들고 신교육을 펼쳤다.

1919년 대한민국임시정부 지원활동에 참가하면서 독립운동을 시작하였다. 9월 초순 안상길 · 이준태와 만나 회의를 하다가 애국금 모금을 하게 되었고 안동과 대구를 중심으로 거점을 마련하여 자금을 모은다는 전략을 수립하였다. 안상길은 대구에서 미곡상점을 열었고, 안동에도 거점이 필요하여 금남여관을 비밀 아지트로 사용했다. 김재봉은 만주일보 경성지사 기자로 활약하면서 요원을 포섭하여 만주에도 거점을 마련했다. 그러다가 1년 반쯤 지나 안상길이 붙잡히는 바람에 임시정부 지원활동은 끝나고 옥살이가 시작되었다. 일제는 이를 '조선독립단사건朝鮮獨立團事件'이라 이름 하고 안상길에게는 1년, 김재봉에게는 6개월의 징역형을 선고했다.

1921년 3월 이후 반년 동안 감옥살이를 한 김재봉은 그해 가을 부친에게는 근신하겠다고 편지를 부치고는 곧 망명의 길을 택했다. 그는 노동운동에도 발을 내딛었는데, 당시 '약소민족은 단결하라'는 표제를 내걸고 극동 여러 나라의 공산당과 민족혁명단체 대표자의 연석회의를 소집한다는 소식에 국내의 4개 단체 13명의 대표 가운데 조선노동대회 대표로 참가하였다. 이때 안동 출신 김시현金始顯도 함께하였다. 1922년 1월 21일 모스크바 크렘린 궁전에서 개회식이 열렸는데, 이날 결의된 사항은 "조선은 계급의식이 아직 발달하지 못했으므로 계급운동이 시기상조이다. 일반 대중이 민족운동에 동참하고 있으므로 계급운동자가 독립운동을 후원하고 지지해야 한다. 상해에 있는 임시정부는 그 조직을 개혁해야 한다" 등이었다.

2월 2일 회의가 끝난 뒤 김재봉은 1년 정도 소련에 머물렀다. 모스크바를 떠나 코민테른 극동비서부가 있는 치타에서 사회주의에 대한 공부를 하고, 이르쿠츠크파의 고려공산당 대회에 참가하여 중앙위원으로 뽑혔다. 그해 12월 '코민테른이 나서서 조선공산당 중앙총국을 조직하고, 국내에 조선공산당을 건립한다' 는 계획을 세웠는데, 김재봉은 그 임무를 띠고 1923년 3월 귀국하였다.

아무런 기반이 없는 서울에서 이준태가 적극 도와 공산당 건설 기반 작업에 나섰다. 전국 노동단체와 소작단체를 합하여 전선노동총동맹발기회를 결성하고, 청년단체도 정리하여 전선청년총동맹을 조직하기로 결정하였으며, 노동운동단체 통합에도 나섰다. 마침내 1924년 3월 대구에서 141개 단체가 가맹하여 남선노농동맹을 결성하였고, 11월에는 신사상연구회를 발전시켜 화요회를 조직하였다.

화요회는 공산당 건설을 위한 막바지 준비를 하였다. 서울과 지방에서 준비위원을 뽑았는데, 서울에서는 김재봉을 비롯하여 홍덕유 · 장지필 · 김단야 · 박헌영 · 김찬 · 조봉암 · 권오설 등이 뽑혔다. 1925년 4월 조선공산당이 결성되면서 김재봉이 '초대 책임비서' 가 되었다. 조선공산당 창당에 맞추어 고려공산청년회도 조직되었는데, 박헌영이 책임비서를 맡았고, 안동 가일 마을 출신의 후배인 권오설 역시 7인의 중앙집행위원 가운데 한 사람이었다.

조선공산당은 안으로는 각 지역에 야체이카(공산당 기본 단위 세포)와 프랙션(공산당원 조직)을 만들면서 지방으로 회원을 증대시켰고, 밖으로는 코민테른에 결성 사실을 알리고 상해를 비롯한 해외 거점을 확보해 나갔다. 그러다가 1925년 11월 폭행사건이 발단이 되어 고려공산당이 대거 검거된 '신의주사건'으로 붙잡힌 김재봉은 1926년 2월부터 5월까지 네 차례 심문을 받았고 서울 서대문형무소로 이감되어 1928년 2월에 6년형을 선고받았다.

1931년 11월 출옥한 지 2주일 만에 모친이 사망하였고, 모친을 잃은 지 1년째 되던 날 옥바라지와 부모님 봉양을 해 왔던 동생 김재홍이 사망하였다. 1938년에는 부친이 세상을 떠났고 이후 둘째 아들과 넷째 동생을 연이어 잃는 슬픔을 겪었다. 출옥 후 10여 년 동안 힘든 시기를 보내다가 1944년 54세로 세상을 떠났다. 2005년 3월 건국훈장 애국장이 추서되었다.

5) 하얼빈 거사의 주인공, 김만수

김만수金萬秀(1894~1924)는 허백당 김양진의 16세손으로 김낙운金洛雲의 아들이다. 1913년 만주로 망명했으나 처음에 어디서 무엇을 했는지는 알려지지 않는다. 그러다가 1918년 봄 안동 출신으로 만주지역 최고 지도자인 석주 이상룡(1858~1932)이 화전樺甸에 설치한 병영인 길남장吉南庄의 군인이 되었다. 이상룡은 스무 살이 넘는 장정들을 모아 농병農兵을 만들어 반나절은 농사짓게 하고 반나절은 군사훈련을 시켰는데, 이때 김만수도 농병으로 활동하였다.

이후 이상룡이 1919년 유하현 고산자에서 군정서를 세우고 의용군을 조직할 때 김만수를 찾았지만 거처를 알 수 없었다. 그러나 그해 가을 군정서가 임시정부 산하 기관으로 정리되면서 서로군정서가 되고 본부를 화전으로 옮길 무렵 김만수는 이상룡을 다시 찾아왔다. 1922년에는 서로군정서의 헌병이 되었다.

1924년 하얼빈 거사를 통하여 김만수는 세상에 이름을 드러냈다. 당시 참의부 소속으로 활동하던 김만수는 장춘과 하얼빈에서 한국인들에게 많은 해악을 끼치는 하얼빈 주재 일본총영사관 고등정탐부장 구니요시 세이호(國吉精保)와 형사부장 마쓰시마(松島)를 처단할 목적으로 하얼빈으로 갔다. 동지 10여 명을 모아 건국청년모험단建國靑年冒險團을 결성하였고, 최병호崔炳浩·류기동柳基東과 함께 12월 2일 하얼빈에 있는 중국인 집에 방 한 칸을 얻어 기회를 엿보고 있었다.

시간이 흐르면서 일제 경찰이 이를 눈치채고 중국군의 지원을 약속 받아 기습을 하였다. 4월 7일 밤 구니요시와 순사 9명이 출동하고, 중국 경찰과 중국군 200여 명이 합세하였다. 중국군 대표가 집에 들이닥쳐 경위를 묻자, 김만수와 동지들은 한국의 독립을 위해 투쟁하겠다고 했다. 그리고 중국군 대표와 협상을 하는 중에 구니요시 형사가 집으로 들어서자, 김만수가 총으로 그를 쏘아 쓰러트렸다.

뒤를 따르던 순사는 밖으로 피신해서 "우리는 중국인이다.

무기를 방 안에 놓고 나오면 용서할 수 있으니 빨리 나오라"라고 소리쳤지만, 김만수를 비롯한 세 사람은 끝까지 맞서 싸웠다. 하룻밤이 지나 날이 밝은 뒤 한낮이 지나도록 격전이 끝나지 않자 중국군은 세 사람이 있는 방 벽에 구멍을 뚫고 폭탄을 던져 넣었다. 끝내 집이 무너지면서 세 사람은 모두 순국하였다.

이상룡은 세 의사의 죽음을 '살신성인殺身成仁'으로 표현하였고, 아울러 "의義란 마땅함이니, 마땅히 없애야 할 것을 없앴다면 그 공로를 따지지 말고, 마땅히 죽어야 할 곳이라면 죽더라도 그 뜻을 바꾸지 않는 것, 이것이 의사義士 됨"일 것이라고 평했다. 이상룡의 표현처럼 김만수는 진정한 의사의 길을 선택한 것이다.

이 내용은 『독립신문』과 1924년 4월 13일자 『조선일보』에 크게 보도되어 높이 평가되었다. 1963년에 그의 공훈을 인정받아 건국훈장 독립장이 추서되었다.

8. 문중의 과거급제자와 문행

앞서 언급한 바와 같이 오미마을을 발상지로 하는 허백당 문중에는 수많은 인물이 배출되었다. 과거급제자와 문행으로 볼 때 조선시대 어느 문중에서도 쉽게 찾아보기 어려울 정도로 국가와 사회를 위해 노력한 문인들이 많았던 것이다.

여기서는 허백당의 장자 잠암 김의정 계파와 차자 신암 김순정 계파를 통틀어서 대소과 급제자와 문행에 대해 소개하고자 한다. 기왕에 최홍식 박사가 정리한 자료를 부분적으로 수정 보완하여 제시하면 다음과 같다.

이름	[字] / 號	생몰연대	비고
김양진金楊震	虛白堂	1467~1535	문과, 공조참판, 청백리
김의정金義貞	潛庵	1495~1547	문과, 잠암일고, 세자시강원사서
김순정金順貞	愼庵	1497~1577	생원, 진사, 영천군수, 義貞의 弟
김 진金 鎭	西村	1522~1591	문과, 통례원좌통례, 順貞의 子
김 선金 銑	景澤	1528~?	진사, 順貞의 子
김 농金 農	華南	1534~1591	화남(유고), 장례원사의, 義貞의 子
김익현金翼賢	[廷賓]	1552~1592	문과, 사헌부지평, 鎭의 2子
김대현金大賢	悠然堂	1553~1602	생원, 유연당집, 산음현감, 農의 子
김명현金命賢	承浦	1554~?	진사, 도사, 順貞의 孫
김서현金瑞賢	?	?	진사, 銑의 子
김수현金壽賢	遁谷	1565~1563	문과, 의정부좌참찬, 鎭의 3子
김영윤金英胤	[仲承]	1569~1633	진사, 鎭의 孫
김봉조金奉祖	鶴湖	1572~1638	문과, 학호집, 지평, 大賢의 子
김영조金榮祖	忘窩	1577~1648	문과, 망와집, 참판, 大賢의 子
김창조金昌祖	臧庵	1581~1637	진사, 장암집, 도사, 大賢의 子
김경조金慶祖	深谷	1583~1645	생원, 현감, 大賢의 子
김연조金延祖	廣麓	1585~1613	文科, 광록집, 정자, 大賢의 子
김응조金應祖	鶴沙	1587~1667	문과, 학사집, 우윤, 大賢의 子
김염조金念祖	鶴陰	1589~1652	생원, 전첨, 大賢의 子
김숭조金崇祖	雪松	1598~1632	문과, 설송집, 주서, 大賢의 子

이름	[字] / 號	생몰연대	비고
김시침金時忱	一怖齋	1600~1670	생원, 일용재집, 榮祖의 子
김정수金鼎壽	[台老]	1636~1693	생원, 제천현감, 延祖의 孫
김휘벽金輝璧	梅石	1646~1704	진사, 應祖의 孫
김 건金 健	美村	1648~1707	미촌집, 奉祖의 曾孫
김근신金謹臣	[君弼]	1651~?	진사, 慶祖의 孫
김 간金 侃	竹峯	1653~1735	문과, 죽봉집, 慶祖의 曾孫
김 성金 偓	[君錫]	1661~1724	생원, 榮祖의 曾孫
김 정金 做	蘆峯	1670~1737	문과, 제주목사, 노봉집, 應祖의 曾孫
김서정金瑞鼎	[來徵]	1677~1728	생원, 命臣의 孫, 심곡파
김달룡金達龍	絢軒	1683~1737	생원, 慶祖의 玄孫
김서한金瑞翰	蒼松齋	1686~1753	생원, 竹峯의 子
김서천金瑞天	[士常]	1690~1728	생원, 時悌의 曾孫
김서화金瑞華	[叔美]	1692~1765	생원, 俅의 子, 심곡파
김서도金瑞圖	[義祥]	1694~1754	생원, 崇祖의 玄孫
김서일金瑞一	戰兢齋	1694~1780	진사, 전긍재집, 慶祖의 高孫
김서절金瑞節	[祥翁]	1695~1745	생원, 蘆峯의 子
김준원金浚源	[叔道]	1711~1752	생원, 瑞鵬의 子, 장암파
김좌원金左源	[伯逢]	1711~1772	생원, 敍天의 子
김행원金行源	梧隱	1713~1778	생원, 학행, 瑞應의 계자, 망와파
김익원金益源	[謙之]	1715~1756	생원, 瑞鵬의 子

이름	[字] / 號	생몰연대	비고
김필원金必源	三懼堂	1722~1770	문과, 한주지평, 時忱의 玄孫
김민원金敏源	三悔堂	1723~1799	생원, 瑞翰의 子
김서구金敍九	石泉	1725~1786	문과, 念祖의 玄孫
김서길金瑞吉	[善翁]	1728~1799	생원, 서절의 弟
김상유金相儒	[震甫]	1734~1784	진사, 浚源의 子
김상탁金相鐸	[希周]	1739~1793	생원, 行源의 子, 망와파
김서복金瑞復	三陽齋	1743~1793	문과, 알성문과장원, 병조좌랑, 忘窩의 玄孫
김상섭金相燮	退峯	1744~1805	생원, 潤源의 子, 深谷派
김상일金相馹	[必昇]	1746~1803	생원, 益源의 자(생부 行源), 장암파
김종한金宗漢	竹塢	1746~1814	유고, 설송파
김상호金相鎬	[叔京]	1747~1781	생원, 宅源의 子, 망와파
김종탁金宗鐸	畏厓	1757~1812	생원, 유고, 有源의 孫, 相德의 子, 심곡파
김종화金宗華	嘯逸	1758~1798	文章氣節로 士林推重, 유고 1권, 俶의 玄孫, 학사파
김종석金宗錫	美谷	1760~1804	생원, 증 규장각부제학, 有源의 孫, 相穆의 子, 심곡파
김상온金相溫	避烟樓	1760~1812	문과, 典籍, 長源의 子(생부 之源), 학사파
김종호金宗鎬	[聖九]	1761~1796	有源의 孫, 임자록
김종봉金宗鳳	靈芝堂	1763~1823	생원, 증 이조참의, 宅源의 孫, 망와파
김종연金宗煉	[君百]	1764~1816	생원, 相儒의 자, 장암파
김종규金宗奎	獨山	1765~1830	문과, 사간원정언, 有源의 孫, 독산집
김정원金鼎源	[穉精]	1766~1845	생원, 瑞復의 子

이름	[字] / 號	생몰연대	비고
김종경金宗慶	[元初]	1768~1798	생원, 金侃의 玄孫, 학사파
김종철金宗哲	[士吉]	1775~1826	생원, 宅源의 孫, 忘窩派
김상용金相鏞	慵叟	1779~?	생원, 瑞吉의 孫, 학사파
김종욱金宗煜	[而晦]	1779~1865	생원, 학사파
김중우金重佑	鶴南	1780~1849	증 규장각제학, 宗錫의 子, 심곡파
김중남金重南	[在學]	1783~1815	생원, 宗鎬의 子
김종휴金宗烋	書巢	1783~1866	생원, 서소집
김중하金重夏	桐巢	1784~1860	문과, 이조참의, 宗鳳의 子, 동소집
김종희金宗熙	[文儒]	1786~1840	진사, 瑞必의 曾孫, 학사파
김중교金重嶠	美峯	1793~1872	생원, 金侃의 5代孫, 有源의 曾孫
김중휴金重休	鶴庵	1797~1863	진사, 증 규장각부제학, 宗錫의 子
김종태金宗泰	翠軒	1800~1883	문과, 병조참판, 유고, 학사파
김규운金奎運	吾村	1801~1881	문과, 형조참판, 重夏의 子, 유고 2책, 망와파
김두흠金斗欽	洛厓	1804~1877	문과, 승정원동부승지, 重佑의 子, 심곡파
김종걸金宗杰	三白齋	1807~1891	생원, 宗熙의 弟
김태황金泰璜	道潭	1809~1887	생원, 宗華의 孫, 학사파
김규헌金奎獻	[景範]	1817~1872	생원, 重夏의 子, 망와파
김진락金震洛	[養叔]	1819~1876	생원, 奎運의 子, 망와파
김중연金重淵	[天卿]	1827~1864	생원, 宗泰의 子, 학사파
김규명金奎命	[景佑]	1832~1899	생원, 相鐸의 曾孫, 망와파

이름	[字] / 號	생몰연대	비고
김병호金秉浩	[孟善]	1856~1918	생원, 奎運의 孫, 망와파
김낙헌金洛獻	松广	1858~1912	진사, 宗漢의 曾孫, 설송파
김정락金貞洛	[聖初]	1861~1935	생원, 宗熙의 曾孫, 학사파
김병세金秉世	[周顯]	1874~1891	진사, 장암파

제3장
종가와 문중을 대변하는 주요 건축

1. 허백당종택의 역사와 공간구성

　　허백당종택의 당호는 유경당이다. 이는 허백당의 아들 잠암 김의정의 아호이다. 이것은 최소한 잠암 대에 종택이 있었다는 뜻이다. 그리고 화남 김농이 1576년(선조 9) 용궁현감으로 재임시, 풍수지리설에 따라서 아들 유연당에게 오묘동 종택을 지금의 영감댁 자리에서 현재의 위치로 이건 중수하도록 하였다. 이건 중수된 종택은 다시 임진왜란 때 화재를 입어서, 1600년에 유연당 아들 학호 김봉조가 다시 건립하였다. 그 후 1731년에 중수하고, 1812년에 또 중수하였다.

　　종택은 정면 9칸, 측면 6칸 등 모두 30칸의 □자형 주택으로 경북의 일반적인 사대부가옥 형태이다. 안채는 13칸으로 안방 2

칸, 상방 2칸, 부엌 3칸, 안대청 5칸, 안방 앞마루 1칸 규모로 이루어졌다. 이 종가에는 사랑채가 둘이다. 하나는 동쪽에 있는 원래의 '사랑채'이고, 다른 하나는 1614년에 서쪽에 별도로 지은 '큰사랑채'이다. 큰사랑채는 배치나 용도로 볼 때 별당에 가깝다. 동쪽 사랑채는 6칸인데, 사랑방이 2칸 반, 누마루가 2칸 반, 사랑방 앞에 툇마루가 1칸 규모이다. 큰사랑채 역시 6칸인데 사랑방이 1칸 반, 누마루가 4칸, 사랑방 앞에 쪽마루가 설치되어 있다.

동쪽 사랑채의 가구는 전방으로는 원형기둥을 다섯 개 세우고, 내주內柱는 방형기둥으로 세웠다. 이 집을 지을 당시 민가에서 원형기둥 사용을 엄격히 규제했음에도 불구하고 원형기둥을 쓴 것은 그만큼 이 가문의 위상이 높았다는 뜻이다.

종가의 건물 구성에서 주목되는 것은 내외담이다. 사랑채 기단에 맞추어 중문 앞에 담을 설치해서 외부인의 시선을 차단하되, 안에서 밖을 볼 수 있도록 가로 세로 20센티미터 정도의 구멍을 만들었다. 내외윤리가 엄존하던 시기에 사랑채로 드나드는 남성들로 인하여 중문 안쪽의 부녀자들의 생활이 불편하지 않도록 한 배려이다.

문간채는 정면 3칸, 측면 1칸의 건물인데, 대문칸이 그 중심에 있고, 우측에는 마구간, 좌측에는 방이 하나씩 있다.

조상을 모신 사당은 종가 살림채의 동북쪽 후면에 별도의 담장으로 구획되어 있다. 산 사람의 공간과 구별지은 것이다. 건물

허백당종택(유경당)

은 정면 3칸, 측면 3칸이지만, 『주자가례』에서 말하는 전당후실
前堂後室형 가운데 전면 1칸은 지붕이 있는 실외 형식의 당이다.
사당 안에는 뒷벽과 좌측 벽에 선반과 같은 단을 만들어 그 위에
감실을 올려 두었다. 불천위 유연당 김대현과 종손의 4대 조상
신주가 모셔져 있다.

　　이 종택은 허백당의 종택이자 유연당의 종택으로서, 풍산김
씨 허백당 문중의 중심이 되는 집이다. 위로는 조상을 모시고, 아
래로는 종손이 거처하면서 문중의 구성원들을 결속하고 회의를
주재하여 경북 북부권 모든 풍산김씨들의 긍지를 드높여 온 핵심
건물이다. 경상북도 민속자료 제38호로 지정되어 있다.

2. 대지재사의 구성과 허백당 사당

대지재사大枝齋舍는 오미마을에서 서북쪽으로 조금 떨어진 예천군 호명면 직산리에 있다. 이곳은 원래 안동 땅이었으나 행정구역 개편으로 예천 땅이 되었다. 이 재사는 광석산 일대의 풍산김씨 선영을 비롯하여 허백당 신주를 모신 대지별묘, 신도비각神道碑閣을 수호하고 관리하는 건물이다.

통상 대지재사로 불리는 구역 안에는 재사뿐만 아니라 허백당을 모신 사당이 함께 있다. 재사는 강당과 주사로 이루어져 있고, 그 뒤편으로 대지별묘로 불리는 사당이 있다. 학사 김응조가 신주 이안 제문에서 사당을 지을 겨를이 없어서 '소당'을 지었다고 설명한 바와 같이, 정면 1칸, 측면 1칸 규모로 소박한 건물이

대지재사

대지별묘(허백당 사당)

다. 별묘는 불천위인 허백당의 신주를 모시는 사당으로서, 종가에 있지 않고 묘소와 가까운 재사 뒤편에 1647년(인조 25)에 세워졌다. 종가의 사당에 모시던 신주를 주손 기준으로 4대봉사가 끝나는 상황에서 4대 지손이 체천遞遷하여 모시기 위해 허백당의 현손인 학사 김응조가 이 자리로 옮겼다.

그러므로 대지별묘는 주손 기준으로 4대봉사가 끝날 때 또 다른 4대손이 신주를 체천하여 모시던 사당이었던 것이, 허백당이 불천위로 추대된 후에는 불천위 사당으로 그 위상이 바뀌었다. 사당의 내부를 보면 북쪽 벽에 선반과 같은 단을 만들고 그 위에 감실을 올려두고 있다.

1558년에 건축된 것으로 추정되는 재사는 정면 5칸, 측면 2칸인 一자형 강당 건물이고, 그 앞에 ⊔형의 주사를 붙여서 전체적으로는 ⊔형 배치를 이룬다. 경북 유형문화재 제173호로 지정되어 있다.

유연당 김대현은 대지재사에 대한 시를 남겼으니 그 당시에도 있었던 오래된 건물이다. 또한 이 재사는 허백당을 모신 대지별묘보다 앞서 세워진 것임을 알 수 있다.

해지는 깊은 산속 홀로 누대에 기대니	落日深山獨倚樓
외로운 후손의 심사 정말 아득하구나.	天涯心事正悠悠
떠나려다 나도 모르게 머리 돌려 바라보니	臨行不覺重回首

선영 언덕에 또다시 가을이 왔네.   霜露邱原又一秋

　　문중에서는 조상 묘소가 있는 대지산을 잘 관리하기 위해서
1599년에 '대지곡묘산大枝谷墓山 수호입의守護立議'를 만들었다.
그 내용은 모두 8개 조항인데, 2개는 허백당 문중에서 제정한 것
이고, 나머지는 서애선생소작정西厓先生所酌定에 있는 것으로 류
성룡 선생이 정한 것이다. 서애선생과 교유가 있었던 조상이 수
용하여 제2조와 제4조를 추가한 것이라고 한다.

　　제2조: 자손 중에 제사를 맡을 사람이 유고시에는 그 아우 집
　　　　　으로 바꾸어서 모시되, 거짓으로 유고하다든지 가난을
　　　　　핑계로 제사를 모시지 않은 경우에는 집강에게 알려서
　　　　　죄를 다스리고 제사를 2차례 궐했을 때는 관에 고하여
　　　　　죄를 다스릴 것이다.
　　제4조: 산지기에게 다른 일도 시키지 말고 해롭게 하지도 말
　　　　　라. 이를 어기면 그 종에게 매를 칠 것이다.
　　제6조: 광석사의 중을 힘껏 보살펴 줄 것이며, 비리로써 괴롭
　　　　　히지 말고 편안히 있게 할 것이다.

　　허백당 문중에서는 제6조를 추가된 것으로 설명하지 않지
만, 광석사라고 구체적으로 언급한 것으로 볼 때 추가한 것으로

이해된다. 이렇게 추가된 조항은 자손 스스로 조상 제사를 성심으로 실천할 것은 물론이고, 산지기를 인간적으로 대하라는 내용이다. 또한 대지산에 있는 사찰의 승려를 보살펴야지 부당하게 부리려고 해서는 안 된다는 것도 지위가 낮은 승려를 문중에서 인격적으로 예우해야 한다는 것을 강조한다.

3. 숭조의식이 담긴 추원사와 도림강당

추원사追遠祠와 도림강당道林講堂은 오미마을의 속칭 '웃보푸
래미'에 있다. 풍산김씨를 명문으로 이름 떨치게 한 유연당 김대
현과 그의 8자제분의 학덕을 기리기 위해 후손들이 건립한 것이
다. 전체적으로는 일곽을 이루되, 추원사, 도림강당, 보림재사甫
林齋舍, 전사청典祀廳으로 이루어졌다.

도림강당은 1805년(순조 5)에 건립한 것이다. 도림이란 보림
산 도봉 아래에 위치한다는 뜻에서 따온 것이다. 건물은 정면 5
칸, 측면 2칸으로 전부 10칸 규모이다. 가운데 6칸은 마루이고,
양쪽에 온돌방을 설치했다. 이 건물은 지붕 모양이 독특하다. 사
람 인ㅅ자 모양인 맞배지붕의 양 끝에 다시 맞배지붕이 직각으

도림강당과 봉황문

로 교차하여 전체적으로 工자형의 용마루를 이루고 있다. 도림
강당은 화수당과 죽암서실에 이어서 일제강점기에 오릉강습소
의 마지막 교사로 사용되기도 했다. 도림강당은 경상북도 유형
문화재 제149호로 지정되어 있다.

도림강당의 북쪽 문은 봉황문이다. 인조 때 경상감사에게
명하여 마을 앞에 정문을 세우고 봉황려鳳凰閭라는 현판을 걸도
록 했다. 실제로 어떻게 실현되었는지에 대해서는 두 가지 설이
있다. 하나는 풍산김씨 문중에서 겸양의 뜻으로 애초부터 정문

추원사

도 세우지 않고 현판도 걸지 않았다는 것이다. 다른 하나는 정문
을 세웠으나 세월이 흘러 허물어져서 없어졌다는 것이다. 어떤
형태였든 간에 옛 봉황려에 근거하여 1805년에 도림강당에 봉황
문을 만들어 세웠다.

추원사는 도림강당이 지어진 1년 후 1806년(순조 6)에 유연당
9부자의 위패를 모시기 위해 세운 사당이다. 정면 3칸, 측면 3칸
의 맞배지붕의 사당건물 형식을 취하고 있다. 향사는 본래 춘추
로 지냈으나 지금은 음력 3월에만 모신다. 추원사 내부에는 정면

가운데 허백당, 허백당 전면 좌우로 소목원리에 따라 여덟 아들의 위패를 모시고 해마다 향사를 올린다.

보림재사는 추원사에 모셔진 오미마을 풍산김씨 유연당과 그의 아들 8형제의 향사를 모시기 위해 지은 재사이다. 도림강당의 아래쪽에 거의 연접하여 세워져 있다. 정면 3칸, 측면 4칸의 트인 �口형 건물로, 안채는 홑처마 팔작지붕이고, 나머지는 맞배지붕이다.

전사청은 향사 준비를 할 때 제수를 장만하여서 그다음 날 제사를 지낼 때까지 보관하는 곳이다. 제물이 청결해야 하므로, 딸린 방에서 제사를 마칠 때까지 제수를 지키기도 하던 곳이다.

4. 유연당의 정취 어린 죽암서실

죽암서실竹巖書室의 원래 이름은 죽암정사竹巖精舍였다. 유연당 김대현이 1577년(선조10) 오미마을 뒤 독지산獨至山 아래 초가로 창건해서 학문을 연마하고 후진을 가르치던 곳이다. 그 후 몇차례 개축되었다. 건물은 정면 4칸, 측면 2칸이고 팔작지붕이다. 전면 반칸은 누마루, 중앙 2칸은 마루, 좌우 협칸은 온돌방인데 동쪽이 시습재時習齋, 서쪽이 양몽재養蒙齋이다.

서실의 옆으로는 작은 연못이 있고, 주변으로는 대나무가 바위 사이에 우거져 있다. 풍산들과 낙동강이 훤하게 보일 정도로 경치가 빼어나다. 일제강점기에는 오릉강습회五陵講習會를 이곳에 창설하였다가 다른 곳으로 옮겼으며, 민족운동에 몸 바친 독

죽암서실

립지사들이 대거 배출된 건물이다. 죽포 김순흠, 동전 김응섭, 추
강 김지섭, 김만수 등이 대표적이다.

5. 3대에 걸쳐 완공한 영감댁

　　영감댁令監宅은 오미마을에 있는 조선 후기의 사대부 주택이다. 풍산김씨 21세 규장각직각을 지낸 김상목金相穆(1726~1765)이 처음 ㄱ자형의 안채를 세웠고, 나머지 ㄴ자형 바깥채는 그의 손자 학남 김중우에 이르기까지 무려 3대에 걸쳐 진행되어 1814년에 완성되었다.

　　이 건물의 당호는 학남의 아들 낙애洛厓 김두흠金斗欽이 통정대부 동부승지 벼슬을 지냈기 때문에 영감댁이라 한다. 사랑채 마루에는 학남유거鶴南幽居라 쓰인 현판이 걸려 있다.

　　건물은 정면 8칸 반, 측면 6칸의 ㅁ자형으로, 모두 26칸 정도의 규모이다. 사랑채의 마루가 유난히 넓고 안채 방향으로 길게

영감댁

발달된 점이 특징이다. 그리고 안채의 우측 뒤쪽으로 사당을 별
도로 건립하고 살림채와 구획되게 담장을 둘렀다. 문간채는 대
문 우측에 고방 2칸, 좌측에 마구간 1칸과 방 1칸을 일직선으로
배치하였다.

  영감댁은 한말의 선비 운재 김병황이 살던 집이고, 그의 아
들 민족운동가 동전 김응섭이 태어난 집이다. 1914년 『토지조사
부』를 보면 맏형 김정섭이 오미마을 안에만 3만 평이 넘는 토지
를 소유하고 있었다. 집의 규모만큼이나 학문의 전통과 더불어
상당한 경제력을 오래도록 유지한 고택이다.

6. 죽봉종택(모죽헌)

　　모죽헌慕竹軒은 허백당의 7대손인 죽봉 김간의 종택으로 오
미마을에 있다. 죽봉이 13세 때인 1666년에 그의 백부 김세신에
의해 창건되었고, 그 후 죽봉이 1729년에 크게 중수하였다. 그리
고 오늘에 이르기까지 여러 차례 부분적 보수를 하였다. 당초에
20여 칸 규모였으나 퇴락하여 1990년에 규모를 대폭 줄여 개축
하였다.

　　모죽헌이라는 당호는 죽봉의 손자인 통덕랑 김유원金有源의
아호이고, 편액은 청대清臺 권상일權相一의 글씨이다. 뒤쪽에 별
도의 사당이 있다.

죽봉종택

7. 학암고택(참봉댁)

    학암고택은 1800년경 학암 김중휴가 마을 안으로 분가할 때 지은 집이다. 참봉댁이라 부르는 것은 학암이 제릉참봉을 지냈기 때문이다. 이 집은 독립운동가로 조선공산당 제1차 책임비서를 지낸 김재봉의 생가이기도 하다.

    건물은 정면 8칸, 측면 5칸의 口자형으로 전체 20여 칸이다. 안채는 一자형 3칸 대청을 가운데 두고, 우측으로 2칸 규모의 안방이, 좌측으로 1칸의 건넌방이 있다. 그리고 그 전방에 안사랑채가 연결되어 있다. 특히 안사랑채의 사랑대청이 왼쪽 바깥으로 돌출되게 배치되었다.

    그 밖에 4칸으로 된 곡간채가 안채 우측으로 지어져 있고,

학암고택

곡간채와 안채를 연결하는 지점에는 쪽문을 마련하여 부녀자들
의 곡간채 출입을 쉽게 하였다.

문간채 안쪽 우측에는 학암정이 세워져 있는데, 방 2칸과 마
루 2칸 반으로 이루어져 있다. 사실상 학암정은 바깥사랑채의 기
능을 하였을 것으로 본다.

문간채 정면에는 솟을대문이 있는데, 대문의 양쪽으로 우측
에 방이 2칸, 좌측에 마구간 1칸, 방 1칸이 있다.

제4장 조상을 받들고 후손을 결속하는 제례와 행사

오미마을 허백당 문중에는 큰 제사가 많다. 허백당 불천위 제사, 유연당 불천위 제사, 유연당 9부자를 모신 추원사 향사가 대표적이다. 예사 문중에는 불천위가 많지 않은데, 허백당 문중에는 불천위가 무려 여섯 위에 이른다. 이 가운데 오미마을을 중심으로 하여 치러지는 불천위 제사가 허백당 불천위 제사, 유연당 불천위 제사, 죽봉 불천위 제사이다. 허백당종가가 곧 유연당 종가이기 때문에 이 종가가 주축이 되어 두 위의 불천위를 모시고 제사를 지낸다. 안동에서 두 위의 불천위를 모시는 종가는 하회마을의 풍산류씨 양진당과 허백당종가 이 두 종가뿐이다.

허백당 불천위 제사와 유연당 불천위 제사의 홀기는 같다. 그러므로 제사 절차에는 차이가 없다. 허백당 불천위 제사는 2004년도에 참관했던 불천위 제사를 기준으로 하여 간략히 소개하고, 그 대신 2014년도에 모셔진 유연당 불천위 제사를 자세히 소개하고자 한다.

1. 허백당 김양진 불천위 제사

풍산김씨 문중에서 처음으로 불천위로 추대된 인물은 허백당이다. 그러므로 허백당 불천위 제사는 이 문중의 매우 큰 제사이다. 허백당 불천위 제사 휘일은 음력 9월 16일이다. 허백당 불천위 제사는 종가가 아니라 대지재사에서 치러진다.

1) 제사 준비와 진설

제물은 제물단자에 따라 준비한다. 제사에 쓰는 고기는 대부분 익히지 않은 생육이다. 떡은 시루떡을 본편으로 하고 그 위에 웃기떡을 올린다. 도적이라 하여 어물과 육류를 포개어 높이

쌓는다. 헌관이 진찬하도록 쇠고기, 닭고기, 어물을 따로 준비한다. 탕은 5탕이며, 채소는 백색, 흑색, 청색 3채로 준비한다. 과일로는 대추, 밤, 배, 감 등을 준비한다.

이어서 집사분정執事分定을 한다. 이는 제사에서 제관들의 역할과 임무를 부여하는 것이다. 제관들이 모이면 제사를 집행하는 문중 어른이 시도록時到錄을 보고 임무를 나누어 부여한다.

다음으로 진설을 한다. 먼저 재사의 제청祭廳을 낀 동쪽 방에 병풍을 치고 제상, 교의, 향상, 향로 등을 설치한다. 방 앞에 연결된 제청에는 헌관이 손을 씻을 물을 담은 대야와 함께 수건을 준비한다. 마련된 제수를 제청으로 옮긴다. 고위와 비위를 하나의 제상에 모시니 합설合設을 하는 것이다. 진설은 두 차례로 나누어서 하는데, 먼저 설소과設蔬果라 하여 과일과 채소를 진설한다. 초헌관이 강신을 한 다음, 2차 진설로 설서수設庶羞라 하여 나머지 제수를 모두 올린다.

2) 출주, 참신, 강신, 설서수

찬자의 홀기에 따라서 먼저 별묘에 모셔진 허백당 내외분의 신주를 제청으로 모셔온다. 이때 제사를 지낸다는 것을 고하는 축문을 읽고 주독을 모시고 나온다. 출주의 주체는 초헌관이니 결국 종손이다. 신주가 제청으로 들어오면 제관들은 일제히 읍

출주를 위한 독축

을 한다. 신주를 교의에 모시고 주독을 연다. 모든 제관이 두 번
절한다.

초헌관은 손을 씻고 향상 앞에 나아가 꿇어앉아 향을 피운다.
집사자는 고위의 술잔을 제상에서 내려 술을 따라서 초헌관에게
준다. 초헌관은 술을 모사기에 붓고 잔을 집사자에게 주면 집사자
는 잔을 원래 위치에 놓는다. 이어서 나머지 음식을 올린다.

헌관이 헌작과 진찬을 하는 모습

3) 헌작獻爵(초헌, 아헌, 종헌)

먼저 초헌관이 신위 앞으로 나아가 집사자의 도움을 받아 술
잔을 올리고, 진찬이라 하여 찬(소고기)을 올리고 메와 국수의 뚜
껑을 벗긴다. 이어서 축관이 축문을 읽는다. 초헌관이 두 번 절하
고 제자리로 돌아간다. 집사자가 술잔을 퇴주한다. 아헌관이 집
사자의 도움을 받아 술잔을 올린다. 아헌관이 찬(닭고기)을 올리
고 두 번 절하고 제자리로 돌아간다. 집사자가 술잔을 퇴주한다.

종헌관이 술잔을 올릴 때는 삼제라 하여 술잔의 술을 조금씩 세 번 나누어 잔대에 부은 다음, 잔대의 술을 다시 퇴주기에 부은 후 술잔을 제상에 올린 뒤, 찬(어물)을 올린다. 종헌관이 두 번 절하고 제자리로 돌아간다.

4) 유식侑食과 합문閤門

종헌이 끝나면 초헌관은 다시 향상 앞에 나아가 종헌관이 올린 술잔에 술을 가득 붓는 첨작을 한다. 이어 삽시정저라 하여 숟가락을 메에 꽂고, 젓가락을 국그릇에 올리고 병풍으로 제상을 둘러친다. 조상신이 밥을 드시라는 뜻이다. 모든 제관이 부복을 하고 있다가 축관이 세 번의 헛기침을 하면 일어나서 병풍을 연다.

이어서 갱을 비우고 찬물로 교체한 후 숟가락으로 밥을 소량씩 3번 떠서 찬물에 만다. 이어 국궁鞠躬을 하고 나서 수저를 모두 내리고 밥과 면의 뚜껑을 덮는다. 축관이 초헌관 오른쪽에서 서향하여 '이성利成'이라고 말한다. 제사가 잘 치러졌다는 뜻이다.

5) 사신辭神과 납주納主

조상신이 다시 돌아가시는 상황이니 모든 제관이 인사의 뜻으로 두 번 절한다. 초헌관은 신주를 사당으로 다시 봉안한다. 축관은 축문을 불사른다.

6) 철상撒床과 음복飮福

제상의 음식을 모두 내려서 대청으로 옮긴다. 축관은 축문을 불사른다. 음복을 할 때는 복주라 하여 제사에 썼던 술을 먼저 나누어 마시고, 이어서 음식을 나누어 먹는다. 조상이 흠향한 음식을 후손들이 또한 먹으니 조상과 후손이 제사 음식을 매개로 하여 하나가 된다. 그래서 복을 먹는 음복이다.

2. 유연당 김대현 불천위 제사

유연당 김대현의 불천위 휘일은 음력 3월 11일이고, 배위 전주이씨의 휘일은 음력 2월 3일이다. 과거에는 휘일 자시에 제사를 지냈으나, 현재는 휘일 오후 8시경에 제사를 지낸다. 현재 불천위 제사는 오미마을 풍산김씨 종택에서 받들어지고 있다. 신위는 종택 동북쪽에 위치한 사당에 봉안되어 있다.

1) 제사 준비와 진설

유연당 불천위 제사를 지내기 위한 준비는 본래 제사 하루 전날 했으나, 지금은 제삿날에 주로 한다. 이때는 풍산김씨 종택의 안채에서 대부분의 제수祭需를 준비한다. 제수 준비는 종부가 주도적으로 준비하되, 풍산김씨 집성촌을 이루고 있는 오미마을의 여성들이 돕는다.

제사 때 쓰일 음식은 크게 불천위 제사상에 올라가는 제물과 제사를 지내고 난 후에 음복하는 음식으로 나뉜다. 이러한 음식은 제사 하루 전날 구입하는 게 일반적이며, 일부는 외지에서 오는 사람들이 준비해 오기도 한다. 지금도 대부분의 음식은 집안 여성들이 직접 만들고 있다. 어물과 육류는 날것을 쓴다.

제사 당일이 되면 종부를 비롯한 여성들은 음식을 만들고, 남성들은 제사를 지내기 위해 도포와 유건으로 갈아입고 준비를 한다. 아무리 제사가 전에 비해 간소해졌다고 하더라도 제사에 참석하는 남자들은 반드시 의관을 정제한다. 이에 비해 여자들은 깔끔한 옷을 입는 게 일반적이다. 초저녁이 되면 제사를 지낼 안대청에 병풍을 치고, 제상과 제기 등을 꺼내 놓으며, 바닥에는 제석祭席을 깔아 놓는다.

약 6시 30분쯤에 불천위 제사의 소임을 정하는 집사분정執事分定이 시작된다. 종손을 중심으로 하여 문중의 어른들이 작은사랑방에 모여 앉아 붓으로 역할을 맡은 제관 이름을 차례대로 쓴다. 제관으로 참석하는 이들은 초헌初獻, 아헌亞獻, 종헌終獻, 찬자贊者, 축祝, 진설陳設, 봉향奉香, 봉로奉爐, 봉작奉爵, 전작奠爵, 사준司罇, 학생學生 등의 소임을 맡게 된다. 이렇게 쓴 집사분정기는 안

대청의 동쪽 벽면에 붙인다. 이러한 일련의 과정이 끝나고 8시부터 제사를 지낸다.

제물의 진설은 1차 진설인 설소과와 2차 진설인 설서수로 나누어진다. 과일과 나물을 올리는 설소과는 구체적으로 제상의 제1열 좌측부터 대구포, 대추, 밤, 배, 감, 시과時果, 조과造菓 순으로 진설하며, 제2열 좌측부터 조기, 흑채(고사리), 간장, 침채, 백채(도라지), 청채(시금치), 식혜 등을 진설한다. 제3열 중앙에 도적을 놓고, 좌우로 5탕을 놓는다. 제4열에는 면, 잔, 제5열 좌측부터 메, 갱, 메, 갱, 편을 올린다. 편 앞에 편적과 편청을 올린다. 상이 비좁기 때문에 이 원칙에 준해서 진설한다.

2) 출주와 참신

출주出主는 사당에 있는 신주를 제청으로 모시고 오는 절차

신주가 모셔진 감실의 문을 여는 모습

출주축을 읽는 모습

를 말한다. 1차 진설 이후에 찬자贊者가 출주한다고 아뢰면, 차종
손(원래는 종손이 하나, 종손이 연로하므로)은 두 명의 집사(축관 1명 포함)
와 함께 제청을 나와 동북방향에 있는 사당에 불천위 신주를 모
시러 간다. 사당에 가서 먼저 맨 왼쪽에 유연당 불천위 신주를 모
신 감실의 문을 연 뒤에 두 번 절을 한다. 그런 다음 차종손은 분
향을 하고 신주가 들어 있는 주독 앞에 무릎을 꿇고 고개를 숙이
면 축관이 차종손의 좌측에서 동향하여 출주 고유를 한다. 출주
축의 내용은 아래와 같다.

今以

顯先祖考 贈嘉善大夫 吏曹參判 兼 同知義禁府事

行朝奉大夫 山陰縣監 晉州鎭管兵馬節制都尉府君

遠諱之辰敢請

顯先祖考 贈嘉善大夫 吏曹參判 兼 同知義禁府事

行朝奉大夫 山陰縣監 晉州鎭管兵馬節制都尉府君

顯先祖妣 贈貞夫人 全州李氏 神主 出就廳事 恭伸追慕

어떤 벼슬을 지낸 선조(고위와 비위)에게 금일이 제삿날임을
알리고 제청祭廳으로 모신다는 뜻이다. 출주 고유를 마치고 나면
다시 차종손과 두 명의 집사는 두 번 절하고, 이어서 차종손은 고
위와 비위의 신주가 함께 들어 있는 주독을 두 손으로 모시고 사

당에서 제청으로 내려온다. 이때 집사는 뒤에서 차종손이 안전하게 걸을 수 있도록 등불을 비춰 준다.

제청에 내려오면 신주에 인사를 올리는 참신參神의 절차를 거친다. 여기서는 고위와 비위, 즉 양위의 신주가 있는 주독을 합설로 마련된 제상 교의에 안치하고 연다. 이어서 신주의 덮개(韜韜: 파랑, 빨강 천으로 감싸진 신주 집)를 벗기고 신주를 교의에 안치하면, 모든 참제원이 두 번 절하는데, 이를 참신배례參神拜禮라 한다. 신이 제사에 참석했으므로 인사를 드린다는 뜻이다.

3) 강신과 설서수

강신降神은 제주인 종손이 분향과 뇌주酹酒를 하여 신을 강림하게 하는 절차이다. 종손은 찬자의 홀기 낭독에 따라 먼저 제청에 준비된 관수대에 있는 물로 손을 씻는다. 그리고 종손은 무릎을 꿇어앉고 좌우집사左右執事의 도움을 받아 분향과 뇌주를 한다.

전통적으로 사람이 죽으면 육체는 땅에 묻히고 정신은 하늘로 올라간다는 인식이 강하게 남아 있다. 그리하여 향을 피운 후 향로에 꽂는 분향을 통해 하늘에 있는 혼을 부르고, 술잔에 술을 채운 후 모사기에 붓는 뇌주를 통해 땅에 있는 백을 부른다. 이렇듯 강신은 신의 혼백이 내려오게 하는 예의를 갖추는 의식이라고

볼 수 있다.

　강신이 끝나면 2차 진설인 설서수設庶羞를 한다. 유연당 불천
위 제사에는 고위와 비위를 함께 모신다. 하나의 제상에 메와 갱
을 2인분으로 올리는 이른바 합설合設이다. 메, 갱, 도적, 편(떡),
탕 등의 더운 음식을 올린다. 제사상 차림법은 조상신이 왼손으
로 밥을 드시는 형식의 좌설左設이다. 그러니 신위를 기준으로 할
때 왼쪽에 갱, 오른쪽에 메를 차린다.

설서수 모습

유연당 불천위 제사 진설도

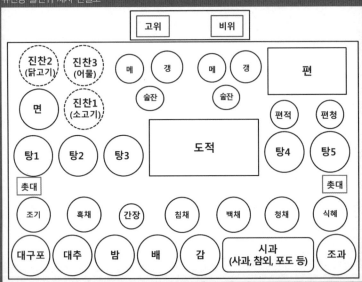

고위	비위

| 진찬2 (닭고기) | 진찬3 (어물) | 메 | 갱 | 메 | 갱 | 편 |

| 면 | 진찬1 (소고기) | 술잔 | 술잔 | 편적 | 편청 |

| 탕1 | 탕2 | 탕3 | 도적 | 탕4 | 탕5 |

촛대 촛대

| 조기 | 흑채 | 간장 | 침채 | 백채 | 청채 | 식혜 |

| 대구포 | 대추 | 밤 | 배 | 감 | 시과 (사과, 참외, 포도 등) | 조과 |

4) 헌작

헌작獻爵은 술을 올리는 의식으로 예법에 따라 세 잔의 술을 바친다. 이를 초헌, 아헌, 종헌이라고 한다. 초헌관은 제사의 주인인 종손이 맡으며, 아헌관은 항렬이 높은 문중 어른이 맡고, 종헌관은 타 문중의 명망 있는 손님으로 선정하거나 맏사위 또는 외손이 하는 경우도 있다.

(1) 초헌初獻

초헌관이 처음으로 술잔을 올리는 의식이다. 초헌이 아헌이나 종헌보다 중요한 이유는 강림한 조상신에게 첫 술잔을 드리고 제사를 올리는 사연을 아뢰기 때문이다. 2차 진설을 마치면 찬자의 홀기 낭독에 따라 종손은 중간에 나와 손을 씻는 자리에 가서 대야에 있는 물로 손을 씻고 무릎을 꿇어앉는다. 이어서 좌우집사의 도움을 받아 고위와 비위의 두 술잔에 술을 따른다. 이어 초헌관이 술잔을 향불 위로 올려 고위 잔은 좌집사가, 비위 잔은 우집사가 제상에 올려놓는다. 이어서 미리 진찬으로 준비해 둔 소고기를 초헌관이 올리면 좌집사가 받아서 술잔 옆에 올린다. 그 후 좌집사와 우집사가 자신에게 가까운 메와 갱을 담아 놓은 그릇의 뚜껑을 연 후에, 축관이 축문을 읽는다. 축문의 내용은 이렇다.

좌집사가 잔을 올리는 모습

維歲次 甲午三月辛丑朔十一日辛亥 十五代孫恪鉉

敢昭告于

顯先祖考 贈嘉善大夫 吏曹參判 兼 同知義禁府事

行朝奉大夫 山陰縣監 晉州鎭管兵馬節制都尉府君

顯先祖妣 贈貞夫人 全州李氏 歲序遷易

顯先祖考 諱日復臨 追遠感時 不勝永慕 謹以清酌庶羞

恭伸奠獻 尙

饗

　　내용인즉, 언제, 종손 누가, 어떤 벼슬을 하신 조상 부부께, 세월이 바뀌어 돌아가신 날이 다시 오니, 조상을 추모하는 마음을 이길 수 없어서 삼가 음식을 올리니, 드시기 바란다는 것이다. 축문을 읽는 동안 모든 참제원들은 무릎을 꿇고 고개를 숙인다. 축문을 다 낭독하면 초헌관은 다시 두 번 절을 하고 제자리로 돌아간다.

아헌관이 잔을 올리려는 모습

종헌관이 잔을 올리려는 모습

(2) 아헌亞獻과 종헌終獻

두 번째 술잔을 올리는 아헌관은 초헌관과 마찬가지로 먼저 제상 옆에 있는 관세대에 손을 씻고 수건으로 닦는다. 홀기에 따라 집사는 신위 앞에 놓인 술잔을 퇴주그릇에 비우고, 아헌관이 올릴 2개의 술잔에 술을 붓는다. 아헌관이 고위 술잔을 향불 위로 올리면 좌집사가, 비위 술잔을 올리면 우집사가 받아서 신위 앞에 올린다. 아헌관은 진찬으로 닭고기를 올린다. 이어서 두 번 절하고 뒤로 물러난다.

종헌 역시 아헌과 같은 절차로 진행하되, 종헌관이 집사로부터 고위의 술잔을 건네받아 술을 잔대에 조금 부으면 다시 집사가 잔대의 술을 퇴주기에 붓고 술잔을 잔대에 올려서 다시 좌집사에게 드린다. 그러면 좌집사는 술잔을 신위 앞에 놓는다. 비위의 술잔도 같은 방식으로 하여 우집사가 신위 앞에 놓는다. 이어서 종헌관이 진찬으로 어물을 올리고 두 번 절한다. 이로써 헌작이 모두 끝난다.

5) 유식과 합문

유식侑食은 삼헌이 끝난 뒤에 조상신이 밥을 드시도록 하는 절차이다. 먼저 초헌관이 다시 제상 앞으로 나가 꿇어앉는다. 초

밥을 드시게 병풍을 닫는 모습

부복하고 있는 모습

헌관이 메의 뚜껑에 술을 조금 부은 것을 좌집사에게 주면, 좌집사는 종헌관이 올렸던 술잔에 메 뚜껑의 술을 세 번 나누어 첨작添酌한다. 이어 초헌관이 다시 두 번 절한다. 좌집사와 우집사는 메에 숟가락을 꽂고 젓가락을 갱그릇에 걸쳐놓는데, 이를 삽시정저插匙正箸라고 한다. 이때 숟가락의 면이 동쪽으로 향하게 꽂고, 젓가락의 손잡이는 동북쪽으로 향하게 한다. 이어서 조상신이 음식을 드시도록 합문闔門을 한다.

신이 조용하고 편안하게 밥을 드실 수 있도록 제상을 병풍으로 둘러친 후, 찬자의 홀기 낭독에 따라 모든 제관은 조상신이 식사를 마무리할 때까지 부복俯伏하고 있다가 축관이 헛기침을 3번 하면 모두 일어난다. 이후 닫았던 병풍을 제자리에 돌리는 계문啓門을 하고, 이어 진다進茶를 한다. 갱그릇을 거두고 찬물을 올리며 숟가락으로 소량의 메를 떠서 물그릇에 세 번 넣은 뒤, 숟가락 손잡이를 서쪽으로 향하게 하여 물그릇에 걸쳐 둔다.

이어 국궁鞠躬을 한다. 모든 제관이 양손을 앞으로 모으고 허리를 구부린 채 경건한 마음으로 기다리는 의식이다. 이후 하시저下匙箸라 하여 수저를 내리고, 합반면개合飯麵盖라 하여 메와 면 그릇의 뚜껑을 덮는다. 그 후 축관이 초헌관 앞으로 가서 서쪽을 보고 읍을 하면서 '이성利成'이라고 고하는데, 이는 제사를 잘 마무리했다는 의미이다.

철상하는 모습

음복하는 모습

6) 사신과 납주納主

사신辭神은 술과 음식을 다 드신 조상신을 돌려보내는 절차이다. 이때 제사에 참여한 모든 사람이 마지막으로 두 번 절을 한다. 그리고 초헌관이 신주에 덮개를 덮고 신주를 주독에 넣어서 사당에 다시 봉안한다.

7) 철상과 음복

제청에 남아 있는 제관들은 제물을 내리고 상을 치우는 철상撤床을 한다. 이어 분축焚祝이라 하여 축관이 축문을 태운다. 마지막으로 음복飮福이라 하여 제관들이 한자리에 모여 음식과 제주를 함께 나누어 먹으면서 조상의 음덕을 기린다. 항렬이 높고 나이가 많은 후손들은 큰사랑방에 가서 음복을 하고, 상대적으로 항렬이 낮고 나이가 적은 사람들은 작은사랑방이나 안대청에서 음복을 한다. 이때 앞으로 문중이 나아가야 할 방향에 대해서 논의하기도 하고, 외지에 살던 후손들과 그동안의 안부를 묻기도 한다.

3. 9부자를 모신 추원사 향사

1) 추원사 향사의 뜻

추원사는 풍산김씨 세덕사世德祠이다. 추원사에는 유연당 김대현과 그의 여덟 자제 즉, 아홉 분의 부자가 모셔져 있다. 이 아홉 부자를 기리는 제사를 향사라고 한다. 향사는 불천위가 아니라고 할지라도 조상의 대수에 무관하게 매년 받들어 모시는 제사이다. 제일은 기일이 아니라 서원의 향사처럼 춘추로 특별히 지정한 날이다.

그러나 요즘에는 매년 봄 음력 3월 중정일中丁日(3월 중 일진에 丁 자가 두 번째로 드는 날)에만 올린다. 2014년에는 양력 4월 16일이

3월 중정일로서 향사일이었다. 그리고 본래 향사를 심야에 지냈으나 근래부터 오전에 지낸다.

신위를 모시는 형식은 가운데 원위元位로 유연당 김대현, 그리고 여덟 자제의 신위를 소목昭穆 원리에 따라서 즉, 좌우로 번갈아 가면서 뒤에서 앞으로 오며 서열을 낮추는 방식으로 배열하였다. 신위는 가묘의 신주와 달리 위패이다.

〈9부자 신위 배열 방식〉

1. 선조증이조참판부군신위
(유연당 김대현)

3. 참판부군신위 (망와 김영조)	2. 지평부군신위 (학호 김봉조)
5. 현감부군신위 (심곡 김경조)	4. 도사부군신위 (장암 김창조)
7. 우윤부군신위 (학사 김응조)	6. 정자부군신위 (광록 김연조)
9. 주서부군신위 (설송 김숭조)	8. 증좌승지부군신위 (학음 김염조)

집사분정기

2) 향사 절차

(1) 분정례分定禮

향사를 치를 때 필요한 역할을 배분하는 절차이다. 헌관(술잔을 올리는 초헌관, 아헌관, 종헌관), 유사, 알자(초헌관을 인도하는 사람), 찬인(아헌관, 종헌관을 인도하는 사람), 찬자(홀기를 낭독하는 사회자), 대축(축문을 읽는 사람), 학생들이 배석하여 역할을 분담하고, 그 결과를 크게 붓으로 써서 '집사분정판執事分定板'에 붙인다.

진설된 향사상

(2) 진설陣設

먼저 집사들이 제물을 사당으로 옮긴다. 제물을 옮기기 전 제물을 봉할 때 5집사(3헌관, 축관, 찬자)가 배석한 상태에서 초헌관은 제물이 정확하게 준비되었는지를 점검한다. 준비된 제물을 전사청으로 옮겨서 향사를 지낼 때까지 보관한다.

제물을 진설할 때는 진설도陣設圖를 따라 정숙하게 진설한다. 9위의 조상에 대해 개별적으로 제상이 마련되어 있으므로, 집사가 읍을 한 다음 제물의 목록을 정확히 확인한다.

(3) 향사 시작

제관들은 동문(우측 문)을 이용해 들어와 정문 밖에 서 있는
초헌관 · 아헌관 · 종헌관을 기다린다. 초헌관 · 아헌관 · 종헌관
은 사당 정문으로 들어온다.

(4) 초헌례初獻禮

첫 번째 잔을 올리는 절차이다. 알자謁者는 초헌관 앞에 읍을
하고 초헌관을 사당 앞에 설치된 관수대로 인도하여 손을 씻고

초헌례

수건으로 닦게 한다. 초헌관이 먼저 원위元位로 모셔져 있는 유연당 김대현의 신위 앞으로 가서 향로에 향을 피우고, 술잔을 신위에 올린다. 축관은 헌관 왼편에 꿇어앉아 축문을 낭독하는데, 이때 모든 제관이 머리를 숙이고 엎드린다. 이어서 정위 좌우로 배향되어 있는 아들 8형제의 신위 앞으로 가서 각각 향을 피우고 술을 올리는데, 형제의 출생 순위에 따라 진행한다. 술잔을 올리는 예를 마친 다음 서문으로 나와 헌관 위치로 돌아와 두 번 절하고 일어선다.

(5) 아헌례亞獻禮 · 종헌례終獻禮

찬인贊人은 아헌관을 인도하여 관수대에서 손을 씻어 수건에 닦게 한 후 읍하면서 동문으로 들어가 정위 신위 앞에 헌관을 인도한다. 헌관은 정위 신위 앞에 읍한 뒤 꿇어앉아 술잔을 신위에 올려 드리고 고개를 숙여 엎드렸다가 일어나 다음 신위 앞으로 나아가 배열된 신위 순으로 창홀에 따라 엄숙 공손하게 "전작奠爵, 부복俯伏, 흥興" 하고, 이어서 서문으로 나와서 사당 뜰의 헌관 위치로 돌아와 두 번 절하고 일어선다. 종헌례는 아헌례와 같은 방식으로 한다.

종헌례 후 제사상

음복례

(6) 음복례飮福禮

음복례는 사당의 서문 앞 당堂에서 한다. 축관이 제사상 위에 차려진 육포肉脯를 조금 베어 내어 상 위에 주전자와 술잔, 육포를 차려서 초헌관 옆에 앉는다. 축관이 술잔에 술을 부어서 초헌관에게 드리면 초헌관이 받아서 마신다. 그런 다음 축관이 육포를 안주로 건네면 초헌관이 받았다가 다시 축관에게 준다. 동일한 방식으로 아헌관과 종헌관에게도 음복례를 행한다. 축관은 축문을 불사르고, 주독을 모두 덮은 뒤, 차례로 서문으로 나감으로써 향사를 마친다.

4. 문중유물 전시회 개최

 허백당 문중에서는 종가, 고택 등에 소장하고 있던 전적, 고문서, 목판, 유물 등 역사적, 학술적 가치를 가지는 자료 19,000여 점을 안동에 있는 한국국학진흥원에 기탁하였다. 자료를 기증한 것이 아니라 기탁한 것이므로, 소유권은 원래의 소장자가 가지며, 자료를 관리하는 의무와 이용하는 권리는 한국국학진흥원이 가진다. 쌍방에게 모두 좋은 정책이자 결정이고 역사문화유산에 대한 바람직한 관리의 방안이다.

 한국국학진흥원은 풍산김씨 허백당 문중에서 기탁한 자료를 가지고 2013년 10월 7일부터 2014년 1월 5일까지, 산하 유교문화박물관에서 문중유물특별전을 열었다. 전시 내용은 청백리

특별전 개막식(출처: 블로그 오토재)

특별전 도록 표지

의 후손가, 허백당 문중의 학문세계, 관직생활과 사회봉사, 허백당 문중의 예술세계, 여성들의 생활문화, 허백당 문중의 독립운동 등 크게 6개 부분으로 이루어졌다. 특별전의 주제는 '민심을 보듬고 나라를 생각하며' 였다. 특별전 도록 발간사에서는 주제 설정의 근거를 다음과 같이 말한다.

허백당 문중의 수많은 인물들이 평소 도야한 인격과 학문을 바탕으로 과거를 거쳐 관직에 나아가 민심을 보듬고 나라를 생각하는 삶을 살았습니다. 유연당의 아드님 여덟 분이 모두 사마시에 합격하고 그중 다섯 분은 대과에 급제함으로써 임금 으로부터 팔련오계의 칭송을 받은 것은 그 대표적인 사례일 것입니다. 이는 당시 문중의 경사였겠지만 동시에 인격과 경 륜을 갖춘 목민관을 만날 수 있었던 백성들의 복이었다고도 할 수 있습니다. 또한 민족의 위난기인 한말과 일제강점기에 는 이 문중에서 20여 분의 독립운동가가 나오기도 했습니다. 사람들이 허백당 문중을 명문가로 부르고 존경하는 것은 단순 히 문집 간행이 끊임없이 이어져 왔고 기라성 같은 과거 급제 자를 배출했기 때문만은 아닙니다. 수기치인修己治人의 유학 적 가르침에 따라 평화 시에는 관리로서 백성을 위한 삶을 살 고 국가와 사회에 위기가 닥치면 일신의 영달은 물론이고 목 숨조차 돌보지 않는 희생적 실천의 인물들이 끊임없이 배출되었기 때문입니다.

　누대에 걸쳐 배출된 기라성 같은 인물들이 국가와 백성을 남다르게 생각하였을 뿐만 아니라, 그런 활동이 다른 문중보다 두드러진다는 사실을 잘 짚어 주고 있다. 또한, 유학적 가치를 탁상에서 궁리하고 저술로 남기는 데 그치는 것이 아니라, 일상적 실천과 더불어 국가와 사회를 위해서 요청될 때는 망설임 없이 참여하여 실천하는 자세를 가진 인물이 대대로 유난히 많았다는 사실을 잘 전달하고 있다.

　이 전시회를 통하여 문중의 종손과 문장, 종회장을 비롯하여 관심 있는 많은 후손들이 조상의 유품과 필적을 한자리에서 감상할 수 있었다. 어떤 후손들은 관람 후기와 더불어 행사와 전시 장면을 다양한 매체를 통하여 널리 소개하기도 하였다. 결국 문중유물특별전은 조상과 후손이 만나는 기회였고, 또한 종가와 지손가가 만나고, 종손과 지손이 만나는 자리였다. 나아가 이 전시는 새로운 형태와 방식으로 문중 구성원들의 유대를 다지는 행사이자 기회였다.

제5장 문집과 전적, 유물의 세계

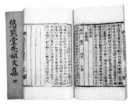

1. 허백당 후예들의 가학과 문집

오미마을 허백당 후손들은 지속적으로 많은 문집을 남겼다. 특히 유연당 김대현부터 학문적으로 왕성한 활동을 하여 그 이후에는 풍산김씨의 명망에 비례해서 많은 문집이 남아 있다. 허백당 문중의 학문은 크게 봐서 가학적 전통이 매우 두드러진다는 특징을 보인다.

김대현은 자녀 교육에 각별하여 아들 여럿이 문집을 남기거나 학문적 성취를 이루었다. 장남 김봉조는 서애 류성룡(1542~1607)의 문인이 되었으며, 그의 학문은 증손자인 미촌 김건(1648~1707)에게 계승되었다. 둘째 김영조는 학봉 김성일(1538~1593)의 사위가 되었으며, 수암修巖 류진柳袗(1582~1635)과 계암溪巖 김령金坽

(1577~1641) 등과 교분을 쌓았다. 김영조의 학문은 셋째 아들인 일용재 김시침(1600~1670)에게 계승되었는데, 그는 일찍이 수암 류진과 계암 김령으로부터 배웠다. 김시침의 학문은 손자 김담金儋(1669~1727), 현손인 칠원漆園 김택원金宅源(1726~1805)에게 전달되어 다시 그의 증손자인 동소桐巢 김중하金重夏(1784~1860)에게 계승되었다. 셋째 아들 김창조는 25세의 나이에 진사시에 합격했지만 광해군이 인목대비를 폐하자 과거를 단념하고 학문에만 전념하다가 음직으로 의금부도사로 나아갔다. 그러나 병자호란 때 인조의 항복 소식을 듣자 관직을 사임하고 태백산에 은거하던 중 세상을 떠났다.

넷째 아들 김경조의 학문은 죽봉 김간(1653~1735) · 희구재 김서운(1675~1743) · 창송재 김서한(1686~1753) · 전긍재 김서일(1694~1780) · 모죽헌 김유원(1699~1758) · 외애 김종탁(1757~1812) · 미곡美谷 김종석金宗錫(1760~1804) · 독산 김종규(1765~1830) · 학남 김중우(1780~1849) · 낙애 김두흠(1804~1877) · 동전 김응섭(1878~1957) 등에게로 계승되었다. 다섯째 아들 김연조는 어려서부터 학문이 뛰어나 김대현으로부터 촉망받았으나 29세에 안타깝게 생을 마감했다.

여섯째 아들 김응조는 맏형인 김봉조로부터 훈계를 받았으며, 서애 류성룡에게 배우고 여헌旅軒 장현광張顯光(1554~1637) 문하에서 수학하였다. 그의 학문은 노봉蘆峯 김정金倣(1670~1737), 서소書巢 김종휴金宗烋(1783~1866), 고암古巖 김세락金世洛(1854~1929) 등에게 계승되었다. 일곱째 아들 김염조는 일찍이 신암 김순정의 손자인 둔곡 김수현의 양자로 입적하였고 생원시에 합격하여 과천 현감을 역임하였다. 막내아들 김숭조는 김봉조로부터 훈도를 받았다.

허백당 문중의 문집을 정리하면 표와 같다. 이를 보면 김봉조, 김경조, 김숭조를 기점으로 하는 학호공파, 심곡공파, 설송공파 후손들의 문집을 중심으로 하여 허백당 문중의 학문활동에 대해 알 수 있다. 문집을 해설하면서 주승택, 최홍식, 정의우 박사의 글을 두루 참고하였다.

〈허백당 문중 문집 일람표〉

* 음영: 오미동 세거

번호	이름	호	생몰연대	문집	비고
1	김의정金義貞	잠암潛庵	1495~1547	『잠암일고潛庵逸稿』	
2	김 농金農	화남華南	1534~1591	『화남유고華南遺稿』	
3	김대현金大賢	유연당悠然堂	1553~1602	『유연당집悠然堂集』	
4	김봉조金奉祖	학호鶴湖	1572~1638	『학호집鶴湖集』	학호공파
5	김영조金榮祖	망와忘窩	1577~1648	『망와집忘窩集』, 『기행록記行錄』, 『서정일록西征日錄』	망와공파

6	김창조金昌祖	장암藏庵	1581~1637	『장암집藏庵集』	장암공파
7	김연조金延祖	광록廣麓	1585~1613	『광록집廣麓集』	광록공파
8	김응조金應祖	학사鶴沙	1587~1667	『학사집鶴沙集』, 『사례문답四禮問答』, 『산중록山中錄』, 『변무록辨誣錄』, 『허백당선조실기 虛白堂先祖實記』, 『추원록追遠錄』	학사공파
9	김숭조金崇祖	설송雪松	1598~1632	『설송집雪松集』	설송공파
10	김시침金時忱	일용재一慵齋	1600~1670	『일용재집一慵齋集』	망와공파
11	김 건金 健	미촌美村	1648~1707	『미촌집美村集』	학호공파
12	김 간金 侃	죽봉竹峯	1653~1735	『죽봉집竹峯集』	심곡공파
13	김 정金 侹	노봉蘆峯	1670~1737	『노봉집蘆峯集』	학사공파
14	김서일金瑞一	전긍재戰兢齋	1694~1780	『전긍재집戰兢齋集』	심곡공파
15	김종규金宗奎	독산獨山	1765~1830	『독산집獨山集』	심곡공파
16	김중우金重佑	학남鶴南	1780~1849	『학남유고鶴南遺稿』, 『오미동지五美洞誌』	심곡공파
17	김종휴金宗烋	서소書巢	1783~1866	『서소집書巢集』	학사공파
18	김중하金重夏	동소桐巢	1784~1860	『동소집桐巢集』	망와공파
19	김중휴金重休	학암鶴巖	1797~1864	『석릉세고石陵世稿』, 『세전서화첩世傳書畵帖』	심곡공파
20	김두흠金斗欽	낙애洛厓	1804~1877	『낙애유고洛厓遺稿』	심곡공파
21	김병황金秉璜	운재雲齋	1845~1914	『운재유고雲齋遺稿』	심곡공파
22	김지섭金祉燮	추강秋岡	1884~1928	『추강일고秋岡逸稿』	설송공파

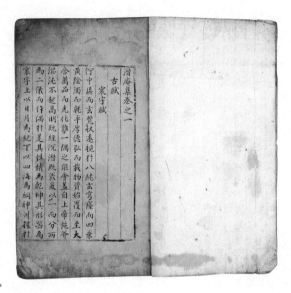

『잠암일고』*

1) 『잠암일고潛庵逸稿』

잠암 김의정(1495~1547)의 시문집이다. 여기에는 「천형부踐形賦」와 「기강부紀綱賦」가 수록되어 있는데,『동문선東文選』에 실릴 만큼 명문으로 알려져 있다. 「천형부」는『맹자』「진심장盡心章」에 나오는 구절을 해석한 것으로 성리학의 핵심을 꿰뚫고 있다. 인간과 리기理氣의 관계를 설명하면서 실천을 위주로 하는 학문으로 정의를 행하여 인격을 승화시킬 것을 역설한 것이다. 「기강부」는『대학』의 삼강령三綱領과 팔조목을 중심으로 치국에 있어

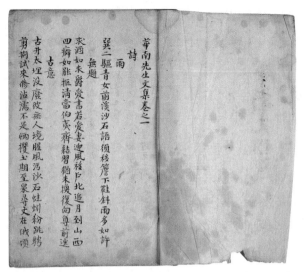

『화남유고』*

기강의 확립이 중요함을 강조하고 기강은 임금 자신이 세우는 것
이라 지적하며, 애민과 선정으로 요순堯舜의 치도사상을 실천해
야 한다고 한다.

2) 『화남유고華南遺稿』

김의정의 독자인 화남 김농(1534~1591)의 시문집이다. 시·
부·서·잡저 등으로 구성되어 있으며, 잡저로는 사·찬·계·
전·내연산지內延山志 등이 수록되어 있다. 편지는 대부분 퇴계

이황(1501~1570), 우계 성혼(1535~1598), 송암 권호문(1532~1587) 등에게 보낸 것이다.

3) 『유연당집悠然堂集』

유연당 김대현(1553~1602)의 시문집이다. 고종 연간에 간행되었으나 서문과 발문이 없어 편자는 알기 어렵다. 시 30편, 서 12편, 논 2편, 기 1편 등이 실려 있다.

이 가운데 잡저인 「기군문잡사記軍門雜事」는 1598년 명나라 장수 형개의 접대낭청接待郎廳에 선발되었을 때, 명군들이 관왕묘

『유연당집』*

에서 제사를 지내고 승리를 다짐하는 의식을 거행하는 장면과 군문에서 있었던 일을 일기체로 상세히 기록한 것이다.

「기일본사記日本事」는 도요토미 히데요시(豊臣秀吉)에 얽힌 일본 야사를 들은 대로 적어 둔 것이다. 그리고 남의 나라를 침략하고도 후세에 이름 남기는 것을 장한 일로 착각하고 있는 왜장들을 책한 「양명후세변후설揚名後世辨後說」이 수록되어 있다.

이 밖에도 도체찰사 이원익李元翼, 명나라 장수 유정劉綎, 의병장 김면金沔 등에게 보낸 서書와 「척화소斥和疏」, 「청회복구란소請恢復救亂疏」 등의 소疏가 실려 있다.

4) 『학호집鶴湖集』

학호 김봉조(1572~1630)의 시문집으로, 모두 4권으로 이루어져 있다. 서문이나 발문, 간기가 없어 간행연도와 그 경위를 정확하게 알 수 없지만, 부록에 류규柳奎가 쓴 행장을 통해 19세기 초로 추정할 수 있다. 문집 앞에는 김봉조의 세계도와 연보가 있다. 권1은 시詩와 부賦, 권2는 소疏와 계啓, 권3은 서書, 권4는 부록으로 후학들의 제문祭文과 만사輓詞 등이 수록되어 있다.

시詩 가운데 「여강서원차김자준운廬江書院次金子埈韻」·「청음김공상헌여자광찬내방유시위증근차기운이수清陰金公尙憲與子光燦來訪留詩爲贈謹次其韻二首」·「차삼제효언운次三弟孝彦韻」 등의 차운

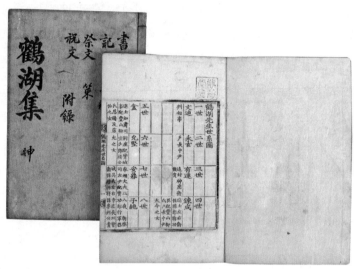

『학호집』*

시에는 특별히 원운原韻을 실어, 김령金坽 · 김상헌金尚憲과 친분
이 깊었음을 알게 한다. 소疏 6편 중 5편은 퇴계 이황의 문묘배향
을 모함한 정인홍鄭仁弘(1535~1623)과 이이첨李爾瞻(1560~1623)을 논
박한 상소이며, 1편은 익산군수로 있을 때 군민을 위하여 올린
상소이다. 계啓는 모두 부산에서 왜사접위관倭使接慰官으로 근무
할 때 올린 「왜정장계倭情狀啓」이다. 왜사는 대마도주對馬島主가
보낸 진하정관進賀正官 미나모토(源智次)인데, 접견 절차와 예우 문
제에 대한 트집과 세견선歲遣船의 교역량을 늘려 달라는 요구 등
이 상세히 기록되어 있다.

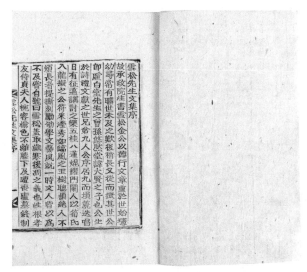

『설송집』*

5) 『설송집雪松集』

설송 김숭조(1598~1632)의 시문집이다. 1903년 후손인 김병건
金秉建 등이 편집 간행하였다. 서문은 황헌黃櫶이 썼으며, 발문은
후손인 김태섭金台燮과 김병건이 썼다. 권1에는 시·서·기·제
문·책문 등이 수록되어 있으며, 권2는 부록으로 행장·제문·
만사·증유贈遺 등이 실려 있다. 그리고 밝은 임금이 되기 위해서
는 지극히 어질고 공변된 하늘의 마음을 본받아야 하며 하늘을
거역하면 난세가 된다고 이르는 「대책對策」과, 왕도 덕을 닦으면

서 어진 사람을 등용하고 보필해야 나라가 융성할 수 있다고 설파한 「집책執策」이 수록되어 있다.

6) 『미촌집美村集』

미촌美村 김건金建(1648~1707)의 시문집으로, 부록을 포함하여 모두 4권으로 이루어져 있다. 1961년 10세손인 김원재金元在 등이 편집하고 간행하였다. 문집은 모두 4권으로 구성되어 있으며, 권1은 시, 권2는 서書·계啓·기記·행장, 권3은 제문, 권4는 부록으로 가장家狀·행장·만사挽詞·제문 등으로 이루어져 있다. 그 뒤에는 김원재의 발문이 붙어 있다.

시는 만시가 38수로 가장 많고, 차운시 23수와 증별시 9수가 있으며, 그 밖에 사물에 대한 감흥을 노래한 영물시詠物詩와 여행 중의 흥취를 읊은 것이 19수 있다. 70여 편에 이르는 많은 만시와 차운시, 증별시가 있다는 것은 향중에서 문장으로 이름이 있었으며, 많은 사람과 교유하였음을 말해 준다.

서書는 모두 42편인데, 대부분이 지인들의 안부를 묻는 내용이며, 권두경이나 이현조李玄祚 등의 이름 있는 학자들에게 보낸 것도 있다. 자식들에게 보내는 편지도 4편 수록되어 있는데, 자식의 건강에 대한 염려와 공부에 대한 격려 등에 대한 내용이다. 기記는 「중대육로회기中臺六老會記」 한 편이 실려 있는데, 이 글은

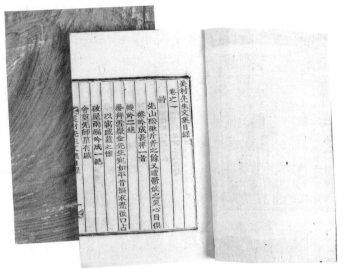

『미촌집』*

스승인 고산 이유장의 명을 받아 지은 것이다. 자신의 아버지를 비롯하여 80명의 노인들이 풍산 서미리 중대암中臺巖 아래에 있는 중대사中臺寺에서 10여 일을 머물면서 술도 마시고 바둑도 두고 담론도 하고 글을 지으면서 지낸 일을 기록한 것이다. 이유장은 이 글을 보고 매우 감탄하여 칭찬을 하였다고 한다.

그리고 증조부인 심곡 김경조를 위한 행장과 김구金球 · 홍여하洪汝河 · 이유장 등 가르침을 받았던 스승의 제문 등이 있다. 김건은 9세 때부터 김구의 문하에서 수학하였는데, 문장을 지을 때 나이에 맞지 않는 글귀를 많이 담았고, 하루에 수십 장씩 글을 외웠다고 한다. 14~15세 때에는 『상서尚書』와 『시경詩經』 등을 익혔고, 이후 홍여하의 문하에서 수학하여 『중용』·『대학』·『주역』·『심경』·『근사록』 등의 경전과 성리서를 깨우치면서 식사와 잠을 잊을 정도로 깊이 생각하고 연구하였다고 한다. 이유장을 비롯하여 많은 사람이 김건의 글은 보통 사람이 흉내 낼 수 없는 맑고 깨끗한 글이라고 높이 평가하였다.

이 밖에도 동생인 김자양金子揚과 아들 김서일金瑞日에 대한 장문의 제문도 수록되어 있는데, 형과 아버지로서의 안타까움과 슬픔이 잘 나타나 있다. 부록에는 1715년 아들인 김서탁이 지은 가장과 1896년 권상규權相圭가 지은 행장, 사후에 지인으로부터 받은 만사와 제문이 실려 있다.

7) 『죽봉집竹峯集』

죽봉 김간(1653~1735)의 시문집으로, 부록을 포함하여 4권으로 이루어져 있다. 1901년 김간의 10대손인 김헌재金憲在가 편집 간행하였다. 이상호李祥鎬(1883~1963)가 서문을 썼는데, 김간에 대한 소개와 문집 간행 의미를 적어두었다. 서문 뒤에는 김간의 세계도와 시조로부터 30세까지의 세계가 쓰여 있다. 문집의 구성은 권1과 권2는 시, 권3은 소·서·제문·잡저, 권4는 부록이다. 부록에는 행장·유사·묘갈명·제문·낙연서원봉안문洛淵書院奉

安文·주갑 무신상언후 회계周甲 戊申上言後 回啓 등이 수록되어 있다. 마지막에 몇 사람이 쓴 발문이 있다.

시는 사우와 지인, 고인들의 작품에 차운한 것이 80수로 가장 많으며, 만시가 24수 실려 있다. 이는 성현들의 삶을 거울삼아 자신의 삶을 충실히 하고자 한 것임을 알 수 있다. 각지를 여행하며 감흥을 읊은 시, 지인들에게 보낸 증별시贈別詩와 송시送詩, 일상에서의 감회를 노래한 시 등도 다수 수록되어 있다.

이 외에도 80세가 넘고 병이 들어 제수 받은 판결사를 역임할 수 없어 사직하고자 쓴 「사판결사소辭判決事疏」, 스승인 이유장과 종형인 김건 등의 제문 7편, 광양으로 귀양 갔을 때의 일기인 「광양적행일기光陽謫行日記」, 부인 이씨와의 혼인 60주년 기념 잔치에 관해서 김태운金泰運이 쓴 「죽봉선생중뢰연서竹峯先生重牢宴序」 등이 수록되어 있다.

제문으로는 스승인 고산 이유장(1624~1701)과 종형인 미촌 김건 등을 비롯하여 모두 7편이 실려 있다. 부록에는 1752년 청대 권상일(1679~1759)이 지은 행장과 1904년 6대손인 김상흠金尚欽이 지은 유사, 권상규權相圭가 지은 묘갈명 등이 실려 있다. 그리고 유생 김달규金達圭 등 13인에 대한 제문과 류승현柳升鉉을 비롯한 16인에 대한 만사가 수록되어 있다.

부록의 '주갑 무신상언후 회계'는 되돌아온 무신년(1788)에 정조 임금이 "안동의 전 장령 김간 등 31인의 사적과 행의가 매

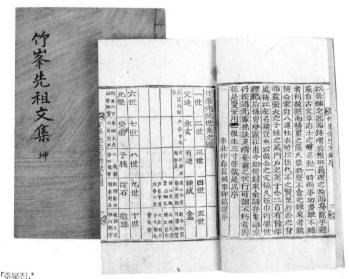

『죽봉집』*

우 드러났는데 논하지 않고 누락되었으니 품처하라"라고 명을
내린 내용을 담고 있어 주목된다.

　마지막에는 발문이 셋 있는데, 1871년 현손인 김종탁金宗鐸
(1757~1812)이 쓴 것과 1961년 김용규金龍圭가 쓴 것, 10대손 김헌재
가 쓴 것이다. 김종탁의 발문을 보면 흩어져 있는 김간의 글과 시,
부록은 집에 보관되어 있던 것으로 편집했고, 서찰과 잡저는 수집
하여 베껴 둔 것임을 알 수 있다. 김헌재가 쓴 발문을 보면 김간의
문집이 간행되기까지 2백 년 남짓 걸렸다는 사실도 알 수 있다.

8) 『전긍재집戰兢齋集』

전긍재 김서일(1694~1780)의 시문집으로, 부록을 포함하여 모두 4권이다. 문집의 서문은 1868년 계당溪堂 류주목柳疇睦이 썼으며, 김서일의 학문과 생애, 문집 간행의 의미 등에 대해 간단히 서술해 두었다. 권1은 시, 권2는 서, 권3은 기·발·묘지명·뇌사誅辭·상량문·제문, 권4는 가장·행장·묘갈명·만사 등의 부록으로 구성되어 있다.

김서일은 뒤늦게 학문에 열중하였는데, 18세가 되어서야 경전을 위주로 학문에 매진하였다. 병곡屛谷 권구權榘는 "비록 늦게 배움을 시작했지만, 그 뜻을 세움이 독실하니 이를 마땅히 본받아야 한다"라고 크게 칭찬하였고, 눌은訥隱 이광정李光庭에게 몇 해 수학한 이후에는 그로부터 기대를 한 몸에 받았으며, 전긍재라는 편액을 받기도 했다. 김서일의 문집은 주로 지인들과 주고받은 시문과 각종 문고文藁가 주를 이루고 있다.

시는 모두 233수인데, 그 가운데 만시가 93수로 가장 많으며, 차운시가 65수 수록되어 있다. 그 밖에도 지인들에게 보낸 증별시, 송시, 일상을 노래한 시 등이 있다. 만시는 주로 우천牛川 정옥鄭玉(1694~1760)·청대 권상일(1679~1759)·구사당九思堂 김낙행金樂行(1708~1766)·병곡 권구(1672~1749)·난졸재懶拙齋 이산두李山斗(1680~1772) 등과 족형 김서지金瑞趾·족제 김서도金瑞圖·족질 김

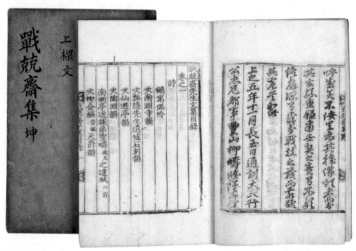

『전긍재집』*

필원金必源·삼종제 김서운金瑞雲 등에 대한 것도 포함되어 있다. 차운시는 지인들에 대한 것뿐만 아니라 표은瓢隱 김시온金是榲 (1598~1669)·퇴계 이황·고산 이유장(1624~1701)·난졸재 이산두 등에 대한 것도 포함되어 있으며, 중국 당나라의 시「제야除夜」에 대한 차운시도 수록되어 있다.

　기記는 이대윤의 효행에 대하여 기록한「이대윤효행록李大胤 孝行錄」1편, 발은「제노림서원접록후題魯林書院接錄後」를 포함한 4 편, 뇌사誄辭는「장상사윤옥뇌사張上舍胤鈺誄辭」등 4편, 제문은 눌 은 이광정·밀암 이재·죽봉 김간 등 모두 20편이 수록되어 있 다. 부록에는 삼종질 김민원金敏源이 지은 가장家狀, 귀와龜窩 김굉

金㙮이 지은 행장, 낙파洛坡 류후조柳厚祚가 지은 묘갈명과 류운柳澐을 비롯한 9명의 만사가 실려 있다.

9) 『독산집獨山集』

독산 김종규(1765~1830)의 시문집으로 부록을 포함하여 모두 4권으로 이루어져 있다. 1974년 6대손인 김시재金時在가 편집하고 간행하였다. 서문은 김철희金喆熙가 썼으며, 김종규의 학문과 생애, 문집의 간행 의의 등에 대해 서술하였다. 권1은 시, 권2는 소·서書·잡저, 권3은 발·서序·송·논·책·상량문·유사·축문·제문, 권4는 부록으로 만사·제문 등으로 구성되어 있다. 그 뒤에는 연보와 김상흠金尚欽·김재홍金在弘·김시재 등이 쓴 발문이 붙여져 있다.

김종규는 오랜 시간 동안 초려에서 학문에 정진하였고 향중에서의 학문활동 또한 끊임없었다. 60세가 되던 해에는 자제들을 불러 두고 그동안 지은 문학작품을 '등한문자等閑文字'라고 하여 모두 없애 후손들에게도 남겨 주지 않으려고 하였다. 평소 "문장은 도에 비하면 소기小技에 지나지 않는다"라고 하여 문학보다는 독서를 통해 도학에 정진하고자 했다. 그는 주로 경사와 성리 연구에 분발하였으며, 말년에는 늙어 자신의 뜻한 바를 펼칠 수 없게 되자 이를 한탄하는 시를 많이 지었다.

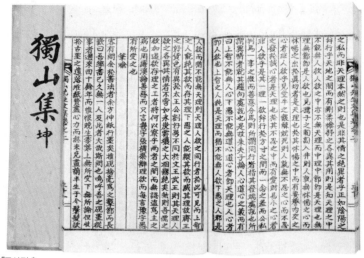

『독산집』*

시는 모두 277수인데, 차운시가 100여 수로 가장 많으며, 만시도 40여 수에 이른다. 차운시 가운데는 두보의 시에 차운한 시가 6편이 수록되어 있다. 소疏 가운데 「겸암류선생증작시소謙菴柳先生贈爵諡疏」는 류운룡柳雲龍(1539~1601)이 학교를 일으키고 절의를 숭상하였으며, 임진왜란 때 많은 전략을 제안하니 선조가 받아들였고, 퇴계 이황의 문고를 문인들 집에서 수합하여 전서全書를 만든 공로는 증작과 증시를 받을 만하다는 내용이다. 잡저 가운데 「천리인욕동행이정변天理人欲同行異情辨」은 천리와 인욕 사이에서 인욕을 따라 보상을 바라는 병이 없어야 한다는 내용이다. 송은

「기린이덕麒麟以德」이 실려 있으며, 만사는 19편, 제문은 화천花川
유생·병산屛山유생·신계서당新溪書堂유생·류이좌 등이 쓴 18
편이 있다. 행장은 류후조柳厚祚가 썼으며, 묘갈은 이만좌李晩佐가
썼다.

10) 『석릉세고石陵世稿』

학암 김중휴(1797~1864)가 선조들의 사적과 유고를 엮어 편찬
한 것으로, 모두 16권이다. 여기에는 「허백당집부록虛白堂集附錄」,
「구선생행적九先生行蹟」, 「화남공유묵華南公遺墨」, 「유연당집悠然堂
集」 등이 수록되어 있다. 제1권 「사우록」에는 김양진이 정효항鄭
孝恒의 문하에서 수학하고 그 학문을 전승하여 세상의 명유가 되
었다고 기록되어 있다.

11) 기타 문집

이 밖에도 심곡 김경조의 후손인 낙애 김두흠(1804~1877)의
문집 초고본인 『낙애유고洛厓遺稿』가 있다. 『낙애유고』에는 시
詩·교서敎書·연설筵說·서書 등이 기록되어 있으며, 서문과 발
문이 없다. 김두흠의 손자인 운재 김병황(1845~1914) 역시 『운재유
고雲齋遺稿』를 남겼다. 『운재유고』는 서문과 발문이 없으며, 1933

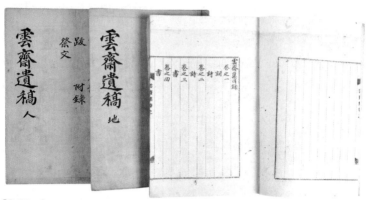

『운재유고』*

년 김정섭이 쓴 묘갈음기가 수록되어 있다. 이 밖에 설송 김숭조의 후손인 추강 김지섭(1884~1924)은 『추강일고秋岡逸稿』를 남겼다.

허백당 후손들의 문집 내용을 보면 자유로운 분위기 속에서 현실에 대한 문제와 아픔을 노래하는 문학적 특성이 두드러진다. 뿐만 아니라 김종규의 「천리인욕동행이정변」과 김의정의 「천형부」를 통해서는 실천적 학문의 성향을 엿볼 수 있다. 김봉조의 『학호집』을 비롯한 여러 문집에 수록된 상소문과 책문을 통해서는 현실 문제를 꼬집고 사회문제를 개혁하려는 정신 또한 찾아볼 수 있다.

2. 『세전서화첩』에 담긴 숭조의식

1) 『세전서화첩』 편찬자와 수록 내용

이 책은 학암 김중휴(1797~1863)가 허백당 문중의 뛰어난 조상들의 행적을 글과 그림으로 편찬한 것이다. 그는 죽봉 김간의 현손이던 김종석의 둘째 아들로, 벼슬은 조산대부 제릉참봉이었다. 사후에 통정대부 규장각부제학에 증직되었다.

이 『서화첩』이 언제 만들어졌는지는 분명하지 않다. 다만 김중휴가 1848년에 순 한글 족보인 가첩家牒을 붓으로 써서 만든 사실로 볼 때, 그리고 그의 사망연도가 1863년이라는 점을 고려할 때, 이 『서화첩』은 1850년대에 제작된 것으로 추정된다.

『서화첩』은 2권(건, 곤)으로 편집되어 있으며, 서화첩의 크기는 가로 26.5센티미터, 세로 36.0센티미터이다. 『서화첩』에 수록된 그림은 풍산김씨 10세부터 20세까지 11세대에 걸친 19인에 대한 것으로 모두 31화畵로 이루어져 있다. 건乾권에는 제1화부터 제17화까지, 곤坤권에는 제18화부터 31화까지 수록되어 있다. 그리고 곤권 끝에는 1825년 봄에 김중휴의 종질 김봉흠이 쓴 「서화첩후書畵帖後」, 1864년 봄에 여강이씨 이재영이 쓴 「도첩후서圖帖後序」, 1863년 5월에 사종 아우 김중범金重範이 쓴 「서화첩 발문」이 차례대로 덧붙어져 있다.

그림 뒤에 붙은 시문의 내용은 주인공의 인적사항, 출생과 성장과정, 인물 됨됨이와 비범함, 화재畵材 선정의 배경, 그림 내용 설명, 그림 내용에 대한 편찬자의 부연 설명, 그림 속 화재에 대한 첨언, 후대 조상이 쓴 관련 시 등으로 구성되어 있다. 시문의 내용이 그림의 내용보다는 일반적으로 더 많은 편이고, 그 가운데 가장 대표적이거나 특징적인 내용을 그림으로 그렸다. 따라서 그림은 누구나 알기 쉽게 시문의 내용 일부를 압축적으로 표현한 것이지 전부를 표현한 것은 아니다. 그러므로 서화첩의 수록 내용상 중심은 시문이고 그림은 보조적이라고 할 수 있다.

그림 가운데 일부는 김중휴가 『서화첩』을 만들기 전부터 있던 것을 대본으로 하여 작성한 것으로 추측된다. 그 근거는 그림 뒤에 붙인 시문에 보면 누가 어떤 연유로 어떤 장면을 그렸다는

『세전서화첩』(건) 표지 　　　　　　　　　　　　　　　　　　『세전서화첩』(곤) 표지

내용이 적힌 것이 모두 8점 있기 때문이다. 그렇다고 해서 김중휴가 반드시 그 대본을 모사했다고 단정하기는 어렵다. 왜냐하면 본래 누가 그렸다는 기록이 있는 어떤 그림에는 모임 참석자의 이름이 적혀 있다고 하는데, 막상 그가 그린 『서화첩』 그림에는 보이지 않기 때문이다.

　　그림은 기본적으로 책자에서 '펼친 페이지'(2페이지)로 1폭을 구성하고 있다. 하지만 제9화 유연당공 「천조장사전별도」처럼

펼친 페이지 4폭으로 되어 있는 경우도 있고, 제19화 「심천초려
도」, 제20화 「회곡정사도」처럼 1폭을 1페이지로 처리한 경우도
있다. 서화첩에 수록된 그림의 개요는 표와 같다.

<『서화첩』 수록 그림 개요>

주인공	그림 번호	그림명	내용
제1인: 진산 김휘손 (1438~1509)	01	大枝賭博圖	장기를 두어 大枝山을 얻게 된 사연을 담음
제2인: 허백당 김양진 (1467~1535)	02	東都聞喜宴圖	아들의 과거급제 축하 잔치를 임소에서 행함
	03	完營民泣隨圖	전라관찰사 이임 시 지방 사람들이 울면서 따라옴
제3인: 잠암 김의정 (1495~1547)	04	海營燕老圖	황해관찰사로서 백성 구제 후 양로연을 행함
	05	潛庵圖	가르친 인종이 변을 당해 죽자 풍산으로 내려와 은거하고 있다가, 퇴계선생이 찾아와서 만남
	06	高原宴會圖	함경도에 벼슬길로 들 때 고원군수가 연회 개최
제4인: 화남 김농 (1543~1591)	07	伴鷗亭泛舟圖	동향인 이원복이 지은 반구정 아래서 뱃놀이를 함
	08	洛皐誼會圖	생진시에 동방급제한 여덟 집 자제들이 世契會를 함

	09	天朝將士餞別圖	임란 후 명의 장수가 귀국할 때 잔치를 열어 줌
제5인: 유연당 김대현 (1553~1602)	10	七松亭同會圖	서울의 칠송정 아래서 同道會를 열었음
	11	換鵝亭養老會圖	산음현감으로 학교를 세우고 양로연을 베풀어 줌
제6인: 둔곡 김수현 (1565~1653)	12	朝天餞別圖	千秋使로서 중국으로 떠날 때 공경대부들이 전별함
제7인: 학호 김봉조 (1572~1638)	13	泛舟赤壁圖	江城 적벽 밑에서 소동파처럼 뱃놀이를 함
	14	丹城宴會圖	단성현감으로 연회를 열고, 양로연을 베풀어 줌
제8인: 망와 김영조 (1577~1648)	15	椵島圖	問安使로서 명나라 장수 毛文龍에게 문안을 드림
제9인: 장암 김창조 (1581~1637)	16	航海朝天餞別圖	奏請副使와 冬至聖節使로 중국으로 들어감
	17	帝座冥籍圖	꿈속에서 아버지가 "저승 호적에 보니 강직하므로 조심하라"는 이야기를 들려 주었음
제10인: 심곡 김경조 (1583~1644)	18	矗石樓宴會圖	관찰사 순시 때 촉석루에서 도내 인사에게 잔치를 엶
	19	深川草廬圖	병자호란 때 항복하자 벼슬을 버리고 오막살이 함
	20	檜谷精舍圖	풍산 회곡에 정사를 지어 후진을 양성함
제11인: 광록 김연조 (1585~1613)	21	聖學圖	17세 때 聖學의 주요 개념 8자를 써서 보여 주고 이것이 '入道的訣'이라 함
제12인: 학사 김응조 (1587~1667)	22	鶴沙亭仙會圖	학가산 사천 위에 있는 鶴沙亭을 배경으로 술 마시고 노는 모습

제13인: 학음 김염조 (1589~1652)	23	果川倡義圖	과천현감으로 있을 때 병자호란이 일어나자 의병을 일으킴
제14인: 설송 김숭조 (1598~1632)	24	盆梅圖	조부 金農이 쓴 十梅詞를 좋아하여 실내에 있는 매화 화분을 몇 사람이 감상함
제15인: 일용재 김시침 (1600~1670)	25	鳴玉臺圖	병자호란 때 항복 소식을 듣고 벼슬을 버리고 내려와 봉정사 입구 鳴玉臺에서 자주 소요함
제16인: 죽봉 김간 (1653~1735)	26	甘露寺宴會圖	황산도찰방으로서 밀양 甘露寺에서 연회를 행함
	27	竹巖亭七老會圖	죽암정에서 어진 사대부와 七老會를 맺어 놀았음
	28	戊申倡義圖	이인좌의 난 때 안동에서 의병을 일으킴
제17인: 희구재 김서운 (1675~1743)	29	雉自來圖	효성이 지극하니 반찬감으로 꿩이 스스로 집으로 찾아옴
제18인: 창송 김서한 (1686~1753)	30	蒼松齋圖	창송재의 풍광이 좋다는 것과 거기서 지인들과 교유함
제19인: 모죽당 김유원 (1699~1758)	31	漢津泣餞圖	과거에서 도움을 받은 전라도 선비가 한강나루에서 울면서 전별을 함

2) 『세전서화첩』 서화의 주인공과 주제

〈제1화〉 진산공 대지도박도

진산 김휘손이 하양현감으로 있을 때 안동에 성묘를 하러 왔

제1화 대지도박도

다가 산소 너머에 있는 예천 산음리의 박씨가 찾아와서 '내기 장기'를 두었는데, 장기에 이겨서 대지산大枝山을 얻게 된 사연을 묘사한 것이다. 화첩 해설문에 따르면, 박씨는 부호로서 미래를 예측하는 능력이 있었다. 그가 제안하기를, 내기를 할 때 자신이 지면 대지산의 10리쯤 되는 한 국내局內를 바치기로 하고, 김휘손이 지면 그가 타고 온 흰 나귀 한 필을 달라고 하였다. 그런데 한 판이 끝날 무렵에 박씨는 일부러 져 주는 것같이 하다가 가지고 있던 산도山圖를 바쳤고, 김휘손도 끝까지 사양할 수 없어서 받았다. 박씨는 덧붙이기를 이 산은 줄기마다 용호龍虎가 제대로 생겼으며 명혈名穴이 많은데, 아직까지 쓰지 않은 것은 장차 큰 행운을 누릴 주인을 기다린 까닭이라고 했다. 그러고는 산도에 있는 땅을 마음대로 하라는 것이었다.

〈제2화〉 허백당공 동도문희연도
　허백당 김양진이 김안로의 배척을 받아서 1526년에 경주부윤으로 나갔을 때, 맏아들 김의정이 문과에 합격하자, 임금이 특명으로 사악賜樂과 급유給由까지 하여 공의 임소에 영친榮親하도록 하였다. 이에 김양진은 문희연聞喜宴을 열고 수재守宰(尙書 李荇, 참의 蔡紹權, 승지 李浚慶, 경상도관찰사 蘇世讓, 진주목사 尹世豪, 성주목사 李

제2화 동도문희연도

潤慶, 선산부사 太斗南, 의성현령 李貴宗)와 낙향해 있던 회재晦齋 이언적
李彦迪 등을 초청하여 그 경사를 함께한 내용을 그린 것이다.

〈제3화〉 허백당공 완영민읍수도

김양진이 전라도관찰사(1520년 부임)를 그만두고 돌아올 때 그
가 떠나는 것을 아쉬워하면서 지방의 사대부 자질子姪들이 구름
같이 교외로 모여들어 울먹이며 뒤따르고 있는 것을 묘사한 것이
다. 특히 뒤따라온 망아지 한 마리를 전주감영의 재산이라 하여
나무에 매어 놓고 왔다는 내용도 포함시켰다. 그 지방 사람들은
망아지를 매어 둔 곳에 생사당生祠堂을 세웠다.

제3화 완영민읍수도

제4화 해영연로도

〈제4화〉 허백당공 해영연로도

　김양진이 1529년에 충청도관찰사에서 황해도관찰사로 전근
이 되었는데, 이때 큰 흉년을 만나기도 했으나 백성을 골고루 구
제한 후에 양로연을 크게 베푼 것을 그렸다. 당시 사족으로서 참
석한 노인에게는 각각 그들의 자제 한 사람씩을 시켜서 당상堂上
에 앉도록 하고, 백성들 중 젊은이는 당하堂下에서 성악을 베풀어
성덕을 노래하면서 춤추도록 하였다.

〈제5화〉 잠암공 잠암도

　김의정이 1529년에 홍문관저작著作으로 세자시강원사서司書

제5화 잠암도

를 겸했는데, 당시 세자(후일의 인종)가 학업에 열중하며 김의정의
말을 잘 받아들여 예우를 극진히 하자, 김안로 등이 김의정을 시
기하기에 이르렀다. 이에 김의정은 풍산 별서에 내려와 10여 년
을 지냈다. 1543년에 김인후와 함께 소명을 받고 경연관이 되었
는데, 이듬해 중종이 승하하고, 그 이듬해 또 인종이 변을 당해
승하하였다. 이에 김의정은 시골로 돌아와 문을 닫고 교유를 끊
어 버렸다. 어느 날 퇴계선생이 찾아오자 억지로 일어나 대화했
는데, 퇴계는 여러 가지를 비유해서 안심하라는 말로 위로하였
고, 김의정이 수시愁詩 10운을 보내자, 퇴계도 답시答詩를 지었다.
이 그림은 바로 김의정과 퇴계의 만남을 묘사한 것이다.

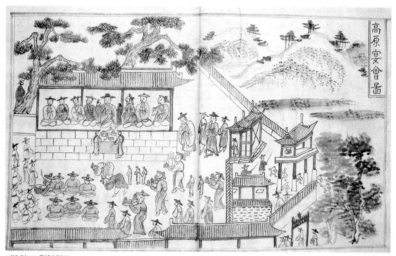

제6화 고원연회도

〈제6화〉 화남공 고원연회도

　김농이 1536년(명종 18) 봄에 준원전濬源殿참봉을 제수받고 북궐北闕(함경도)로 들어갔는데, 이 소식을 듣고 친구였던 고원군수 이흔李忻이 망경루望京樓에서 연회를 베풀어 준 내용을 그린 것이다. 김농이 쓴 시를 보면 옥피리를 불고, 술을 마음껏 마시고, 아리따운 아가씨를 불러서 놀았음을 알 수 있으며, 고원군수 이흔이 연회의 장면을 그림으로 그려 기념이 되게 하였다고 한다. 또 당시의 「연회록」에 따르면, 이 연회에는 김농과 고원군수 이외에도, 영흥부사 최찬崔澯, 함흥판관 김한신金翰臣, 귀산령龜山令(字: 德翁), 고원훈도 송련宋璉, 그리고 고원군수의 아들 이엽李曄, 사위

윤상尹祥, 적인謫人 이정수李挺秀 등이 참석하였다.

〈제7화〉 화남공 반구정범주도

　김농이 1575년에 축산竺山현감으로 있을 때, 동향인 이복원李復元이 낙수洛水 위에다 반구정伴鷗亭이라는 정자를 지었다. 가을 단풍이 들 때나 봄철 복숭아꽃이 필 때면 함께 뱃놀이를 하자는 요청이 여러 번 있었지만, 그럴 겨를이 없었다. 하루는 그가 뱃놀이 날짜까지 적어서 편지를 보내오니 이웃 고을 원님들과 늦봄 26일에 한자리에 모여 논 장면을 그린 것이다. 그리고 이복원은 다음날에도 하루 더 뱃놀이를 하자고 했으나, 업무가 바빠서

제7화 반구정범주도

반구정 아래서 작별하였으되, 8월 16일에 다시 모이자고 약속했다. 당시 「동유록同遊錄」에 따르면, 안동현감 서익徐益, 영천榮川군수 이희득李希得, 풍기군수 배삼익裵三益, 의성현령 김대명金大鳴, 용궁현감 김농, 주옹主翁 이복원이 참석했음을 알 수 있다. 이복원이 그림 잘 그리는 자를 불러 이 범주도를 그려 서로 기념이 되게 했다.

〈제8화〉 화남공 낙고의회도

김농이 1554년 편지를 보내 '세회世會'(일명 世契會)를 결성했는데, 그해 여름에 낙고연사洛皐淵榭에서 처음 모임을 가진 장면

제8화 낙고의회도

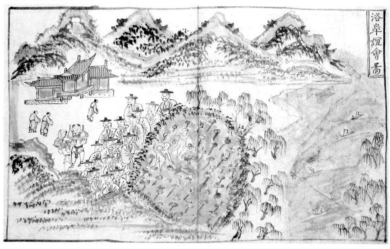

을 그린 것이다. 이 세회는 1516년 식년생진시에 동방급제한 여덟 집 자제들의 모임이었다. 회원은 민씨(閔辰瑞), 정씨(鄭銓·鄭鈞·鄭鎰), 배씨(裵天錫·裵天佑·裵天柱), 장씨(張壽禧), 한씨(韓佑), 조씨(趙景淵·趙景參·趙景思), 금씨(琴應伕·琴應林·琴應南), 김씨(金農)로서, 모두 16인이었다.

〈제9화〉 유연당공 천조장사전별도

임진왜란이 끝나고 1599년 2월에 명나라 장사將士가 돌아가려 하자 훈련원에서 연회를 베풀었으며, 임금은 문무백관을 이끌고 홍제원弘濟院까지 따라가 전송한 다음 준마와 직물·필묵 등을 선물로 주었으나 그중에 일부만을 가지고 갔다. 훈련원에서 연회를 할 때 임금이 이른 아침에 나가 상마연上馬宴을 베풀어 주었다. 제독提督과 유격遊擊, 도사都司에 이르기까지 처음 서울에 왔을 때 하마연下馬宴을 베풀어 준 바 있다.

이 그림은 도합 4폭으로 그려져 있는데, 그중 명나라 병부상서兵部尙書 형개邢玠를 중심으로 하는 모습인 '형군문邢軍門'을 그린 제2폭에는 '불낭국佛郞國 해귀海鬼 4명'과 '형초荊楚 청원병靑猿兵 3백 명'이 묘사되어 있어 주목된다. 해귀는 "살결이 칠같이 검고 누르스름한 머리가 방석둘레처럼 펼쳐졌어도 물속에 들어가 적선을 잘 뚫었다"라고 한 것으로 보아 이들이 해군 잠수병이었음을 말해 준다. 그림으로 봐도 수레를 타고 있는 4명의 해귀

는 적황색 곱슬머리로 묘사되어 있다. 그리고 형초 청원병 300명
은 "본래 양호楊鎬가 이끌고 와서 직산稷山싸움에 이용하여 승리를
거두었다"라고 하는데, 그림에서 보면 온몸이 털로 덮여 있고 옷
도 입지 않은 흑인들로 보인다. 그림은 명나라 병부상서 형개의
요청으로 조선의 화가 김수운金守雲이 그린 것으로, 군문軍門의 뒷
바라지에 힘쓴 상의원직장尙衣院直長 김대현에게 기념으로 주었다.

〈제10화〉 유연당공 칠송정동회도
    서울 명례방明禮坊 뒤에 있었다는 '칠송정'이라는 일곱 그루
의 소나무 아래서 동도회同道會를 연 모습을 그린 것이다. 「칠송

제10화 칠송정동회도

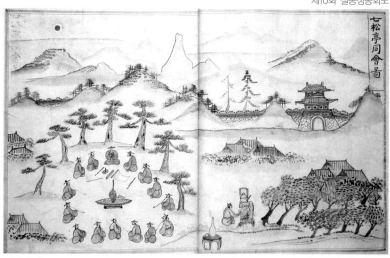

정 동도회 제명록題名錄」에 따르면 당시 참석한 사람은 동지同知 김우옹金宇顒(성주), 사평司評 윤섭尹涉(용궁), 주부主簿 황언주黃彦柱(풍기), 주부 김행가金行可(성주), 인의引儀 황침黃忱(풍기), 현감 도응종都應宗(고령), 부솔副率 김윤명金允明(안동), 참봉 김자金滋(고령), 직장直長 김대현(안동), 직장 곽수인郭守仁(함창), 금도禁都 권순權淳(함창), 별검別檢 정장鄭樟(성주), 봉사奉事 김석광金錫光(선산), 세마洗馬 김헌金瓛(상주), 참봉 권유남權裕男(성주) 등 15인이었다.

〈제11화〉 유연당공 환아정양로회도

김대현은 형개의 군문을 접대한 공로로 1601년 산음현감이

제11화 환아정양로회도

되었다. 당시 고을은 임진왜란의 후유증으로 예의와 염치가 다 무너져 버렸기에 김대현은 봉록을 털어서 학교를 세우고 의리와 염치를 권장하였다. 학교를 낙성하는 날 고을에 70세가 넘은 노인들을 불러 환아정換鵝亭에서 양로연을 베풀어 음악을 들려주고 지팡이를 나눠 주었다. 이 그림은 양로연을 그린 것이다. 당시 덕계德溪 오건吳健의 부인을 포함하여 늙어서 연회에 나오지 못하는 노인들에게는 지팡이·쌀·고기·솜 등을 함께 전했다. 이에 오건의 아들은 "꼿꼿한 지팡이 힘이 약한 소자보다 낫습니다"라고 하였다. 이때 선비들이 이 운에 따라 시를 많이 읊었고, 단성현의 화공 오삼도吳三濤는 연로도宴老圖를 그려 바쳤다.

〈제12화〉 둔곡공 조천전별도

김수현이 1619년에 임금의 탄신을 축하하는 천추사千秋使(정사 李弘冑, 서장관 金起宗)의 부사副使로 명나라에 가게 되자, 공경대부와 여러 선비들이 거리 밖까지 모두 나가 전송한 내용을 그린 것이다. 이 당시 통사通使에 대한 어려움이 전일보다 몇 배나 더 해지자 임금께서 뛰어난 인재를 뽑아 보내게 되었다고 한다.

〈제13화〉 학호공 범주적벽도

김봉조가 7월 16일에 강성江城 적벽赤壁 밑에서 뱃놀이를 하는 장면을 그린 것이다. 옛날 소동파가 적벽에서 뱃놀이를 하던

제12화 조천전별도

제13화 범주적벽도

것을 모방하여 달 밝은 16일에 적벽 아래서 뱃놀이를 하였던 것이다. 이때 참석자는 김봉조, 묵암默庵 권집權潗, 동계東溪 권도權濤, 상암霜巖 권준權濬, 용호龍湖 박문영朴文楧, 노파蘆坡 이흘李屹, 동산東山 권극량權克亮 등이었다. 당시 김봉조는 "환아정換鵝亭 옛날 놀이를 오늘 다시 잇게 되었으나 다정하던 오익승吳翼承이 이 자리에 없구나"라고 하며 눈물을 흘렸다.

〈제14화〉 학호공 단성연회도

김봉조가 1616년에 단성현감으로 부임하여 단소루丹霄樓에서 연회를 열고, 또 대소민인을 불러 양로연을 연 사실을 그린 것

제14화 단성연회도

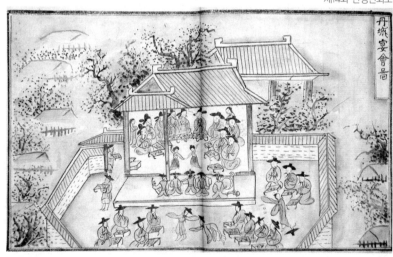

이다. 단성현은 임진왜란 이후 몇 해 동안 산음현에 속해 있다가 이때 복설되었는데, 김봉조의 아버지 김대현이 산음현감을 지낸 적이 있었다. 그래서 부임하는 아들에게 어머니가 "단성현은 네 아비도 부임했던 고을이니 갑절 조심하여 네 아비의 청덕淸德을 떨어뜨리지 말아야 할 것이다"라고 경계하였다. 김봉조가 깨끗한 마음으로 정사에 임하면서 연회를 베풀자, 주민들은 "우리들이 다행히 죽지 않고 남아 있어서 15년 전(김대현이 베푼 것)처럼 흘륭한 연회를 보게 되었습니다"라고 하였다.

〈제15화〉 망와공 가도도

제15화 가도도

김영조가 1623년에 명나라 도독都督 모문룡毛文龍의 문안관問
安官이 되어 압록강 부근에 있던 섬 가도椵島로 들어가서 뇌진사
賚進使 이안눌李安訥, 접반사接伴使 윤의립尹義立, 종사관從事官 이민구
李敏求와 함께 임금의 명을 받고 출발했는데, 이 그림은 모문룡에게
문안을 드리는 장면을 그린 것이다. 모문룡은 명과 청의 전쟁 시
압록강 하구에 웅거해 청나라의 후방을 교란하는 임무를 맡고 있
었다. 배를 타고 떠나올 때 이안눌의 일행 가운데 그림 잘 그리는
사람이 있어서 이안눌의 지시에 따라 3폭 그림을 그려 세 사신에게
바쳤다. 한편, 김영조가 이때 쓴 『서정록西征錄』이 남아 있다.

〈제16화〉 망와공 항해조천전별도

1633년 세자 책봉 때 김영조가 주청부사奏請副使로 동지성절
사冬至聖節使를 겸임하여 상사上使 한인韓仁, 서장관 심종명沈宗溟
과 함께 왕명을 받고 배를 타고 바다를 건너 중국으로 들어가려
는 상황을 그린 것이다. 이때 요동 부근에는 호병이 꽉 차 있었기
때문에 길이 막혀 있었다. 서울을 떠날 때, 한 시대 명류名流들이
모두 거리에 나가 전송한 증행시贈行詩에는 김영조의 뛰어난 기
개氣槪를 많이 칭찬하고 있다.

사행이 배를 타고 가는 중에 회오리바람이 불어 배가 거의
침몰할 뻔하였다. 배에 탄 사람들이 모두 죽는다고 울기도 하였
으나 김영조는 정신을 가다듬고 평상시와 같았으므로 사람들이

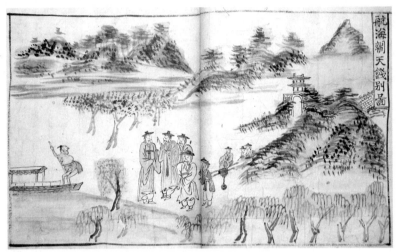

제16화 항해조천전별도

이에 탄복하였다. 또한 연해 여러 섬에서 "조선은 노적奴賊에게 병기와 군량을 대어 주고 산동을 침범하도록 한다"는 이야기가 떠돌았다. 그래서 사행이 이르는 곳마다 백성들이 도피하여 숨고 아문衙門도 의심스럽게 여기면서 잘 받아들이지 않았다. 김영조는 상사와 함께 각 아문에 공문을 올려 해명하고 조선이 성의껏 중국을 예우한다는 사실을 밝히고 나서야, 조선의 사정을 이해하고 김영조의 성의에 감복하여 자신들의 잘못에 대해 사과하였다.

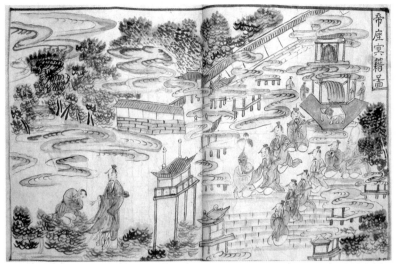

〈제17화〉 장암공 제좌명적도

김창조의 꿈속에서 아버지 김대현이 들려준 이야기를 그린 그림이다. 내용인즉, 신선이 둘러앉은 청도淸都에서 아버지를 뵙고 절하였는데, 말하기를 "내가 향안香案 위에 있는 명적冥籍(저승에 있다는 호적)을 상고해 보니 너의 이름 밑에 '강방정직剛方正直'이라는 네 글자가 적혀 있구나. 부디 조심해야 할 것이다"라고 하였다. 그는 25세에 진사시에 합격한 후, 광해군이 폐모하자 드디어 과거를 그만두고 시골에 숨어 있었다. 몇 차례 벼슬이 내려졌지만, 나아가지 않았다. 이것은 김창조의 성품이 강직하여 남의 잘못을 조금도 용서하지 않았다는 점과 상통한다.

〈제18화〉 심곡공 촉석루연회도

김경조는 이민구李敏求가 경상도관찰사가 되어 가을철 순시를 할 때, 도내 인사들을 불러 진주 촉석루에서 큰 잔치를 벌였다. 한껏 즐긴 후에 화공을 불러 누대樓臺의 형승形勝과 참여 인물의 진영을 그리도록 하여 모두 한 폭씩 나누어 주었다. 화폭 끝에다 모두 본인의 부향父鄕을 달고 본인의 생년과 성명, 자호字號까지 적어서 영구히 기념이 되도록 하였다. 당시 참석한 사람은 경상도관찰사 이민구, 진사 이창운李昌運, 진사 금시해琴是諧, 형조

제18화 촉석루연회도

정랑 권두남權斗南, 생원 민희안閔希顔, 자여도自如道찰방 김대진金大振, 안동판관 신경辛暻, 생원 한원진韓元進, 송라도松蘿道찰방 변효성邊孝誠, 삼가三嘉현감 김효건金孝建, 진사 권점權點, 생원 정면鄭俛, 생원 김경조 등이었다. (현재의 그림에 참석자 이름이 전혀 없는 것으로 보아, 이 그림은 애초의 그림을 대본으로 하여 다시 그린 것임을 알 수 있다. 다만 참여자의 이름이 잘 적혀 있다는 사실만으로도 『서화첩』 편찬 당시에는 이 원본 그림이 가문에 전해져 온 것으로 이해된다.)

〈제19화〉 심곡공 심천초려도
김경조가 병자호란 당시 의령현감으로 있었는데, 쌍령전투

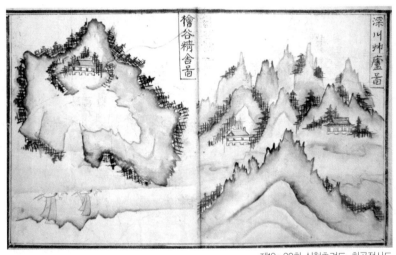

제19~20화 심천초려도, 회곡정사도

에서 패했다는 소식을 들은 관찰사 심연沈演이 공포에 떨고 있자 칼을 들고 관찰사를 준엄하게 꾸짖은 뒤 출전하려 하였으나, 왕이 항복했다는 소식을 듣고 진작 난리에 나아가지 못한 것을 격분하였다. 김경조가 눈물을 흘리며 고을살이를 버리고 학가산 뒤에 있는 심천구장深川舊庄으로 돌아와 오막살이 생활을 하였다는 사실을 그림으로 그린 것이다. 그러나 실제 그림에서는 집이 오막살이가 아니라 기와집으로 묘사되어 있다.

〈제20화〉 심곡공 회곡정사도

김경조의 아우 김응조도 심천深川에서 멀지 않은 거리에 자그마한 정자를 짓고 형 경조와 함께 오가면서 숨어살 계획을 하였다. 김경조는 회곡檜谷의 산수를 사랑하여 정사精舍를 짓고 손자를 비롯한 후진을 양성하다가 회곡에서 죽었다.

〈제21화〉 광록공 성학도

김연조는 1601년 아버지 김대현이 산음현감으로 부임할 때 17세였는데, 존심存心 · 양성養性 · 지경持敬 · 주정主靜이라는 여덟 글자를 보이고 이것이 '입도적결入道的訣'이라고 한 사실이 있었다. 이 성학도는 4개의 원 속에 2글자씩 써 놓은 것이다.

存心
養性
持敬
主靜

廣麓公諱延祖字孝錫
萬曆乙酉生
悠然堂寍山陰時公年十七春之世書心
公生而風標玉立天姿近道悠然堂

八字以贈公示入道的訣
寄子延祖書　　悠然堂

請於師長作中字附講壁上旦夕體究且聞師長曰是甚物如何
而能存心持性是甚體段如何而能養聖學多端何以必欲持敬全日
用多往動上何以必欲主靜誠之用功情之所發亦旦潛玩開辨大
樂為學必要於身心上有功要工夫不厭雖究天人之際談性命

之理何蓋汝以衆學師長有教必不能聲心通今日間之明日轉
之不煩其違必期豁然然後已
　　　　　　　　　　拙齋柳先生

金重卿家藏庭訓顧後跋
右吾及金君重卿家藏庭訓銘一帖盖其先君子廣麓公從後陰
堂先生之任山陰時所得學訣文壬巳公年十七方汲易於筆軒
其必吳公為作大字凡標題卷首而公弟鶴少公識其下所致
且乾一語附其後意重卿不都謂余間當出而示之
重卿是三世舊交余幼得亭久修嚴公得聞公家先世德之
其盛有以知兩蒙三祖父且我相繼父道非一日而重卿又原敎
遊情義之有相契黙然歎爲七豈士辱諾余豈得名文之末
鷹凌不能無斸西道之請此心若引請公之次有案焉
焉敢遂不辭西道其所處于讀者如左噫亭若余何是知之亦爾

鶴沙亭仙會圖

〈제22화〉 학사공 학사정선회도

1634년에 김응조는 학가산鶴駕山 북쪽 사천沙川 위 옛날 임씨의 정자터에 정자를 짓고 학사鶴沙라고 자호하였다. 이 그림은 백사장이 빙 둘러 있고 맑은 시내와 푸른 절벽이 병풍처럼 휩싸인 곳에 있는 학사정을 배경으로 몇 사람이 술 마시고 노는 모습을 그린 것이다.

〈제23화〉 학음공 과천창의도

김염조는 1635년에 과천果川현감으로 있었는데, 이듬해 12월에 호란이 일어나자 도성을 제대로 지키지 못하여 왕의 수레가 파천하므로 용주龍洲 조경趙絅과 더불어 죽음을 맹서하고 의병을 일으킨 사실을 그림으로 그린 것이다.

〈제24화〉 설송공 분매도

김숭조가 1629년에 증광문과에 급제하였는데, 사은謝恩하던 날 임금이 그의 빼어난 용모와 단정한 행동을 매우 사랑하여 어전으로 불러들여 세덕世德과 거주지를 물은 뒤에 팔련오계지미八蓮五桂之美(8형제 중에 5명이 등과했다는 아름다움)를 듣고, 마을 이름을 오묘동五畝洞에서 오미동으로 고쳐서 하사하였다. 김숭조는 조부 김농金農이 쓴 십매사十梅詞를 아주 좋아했는데, 이 그림은 실내에 있는 매화 화분을 몇 사람이 감상·음미하는 모습을 그린 것 같다.

果川倡義圖

峴孤

제23화 과천창의도

제24화 분매도

金梅圖

제25화 명옥대도

제26화 감로사연회도

〈제25화〉 일용재공 명옥대도

김영조의 제3자인 김시침은 서빙고별감으로 있던 1636년에 병자호란이 일어나 인조가 항복했다는 소식을 듣고 통곡한 후 벼슬을 버리고 전원으로 돌아와 소용疏慵으로 자처하면서 호를 일용재一慵齋라 하였다. 그 후 봉정사 입구에 층층으로 솟은 바위가 있는 명옥대鳴玉臺에서 소요하였다. 명옥대는 임학林壑이 깊고 층으로 흘러내리는 폭포도 볼만하여 절승을 이루고 있는 계곡이다. 이곳은 퇴계선생의 유촉지로서, 김시침은 서애의 손자 류원지柳元之, 학봉의 증손자 김규金煃와 더불어 열읍列邑에 통문을 보내 자그마한 누각을 세웠다. 이러한 명옥대의 풍광을 묘사한 것이 이 그림이다.

〈제26화〉 죽봉공 감로사연회도

김간이 황산도黃山道찰방으로서, 1712년 9월 3일에 경남 밀양의 감로사甘露寺에서 연회를 베푼 사실을 그린 그림이다. 「동유록同遊錄」에 따르면, 양산군수 한옥韓㻶, 경주부윤 권이진權以鎭, 인동부사 나학천羅學川, 황산찰방 김간金侃, 하양현감 이복인李復仁, 자여찰방 조언신趙彦臣, 밀양부사 이현보李玄輔, 군위현감 이철징李鐵徵, 언양현감 성기인成起寅 등 9명이 참석하였다. 그림은 감로사 누각 위에 9명이 앉아서 연회를 베푸는 장면이다.

제27화 죽암정칠로회도

제28화 무신창의도

〈제27화〉죽봉공 죽암정칠로회도

김간이 1724년 봄에 친구 6인과 함께 죽암정竹巖亭에서 칠로
회七老會를 결성하여 놀던 모습을 그린 것이다. 죽암정(죽암서실)은
김대현이 세워서 학문을 연마하고 후진을 양성하던 곳으로 오미
동 뒤 독지산 죽자봉 아래 위치하는데, 대나무와 오동나무가 구
렁에 무성하고 낙동강과 풍산들이 훤하게 보이는 곳이다. 이때
참석한 사람은 당대를 대표하는 어진 사대부로서 창설재蒼雪齋
권두경權斗經, 밀암密菴 이재李栽, 창포滄浦 나학천羅學川, 옥천자玉
川子 조덕린趙德鄰, 북계北溪 안연석安鍊石, 동애東厓 이협李浹 등이
었다.

〈제28화〉죽봉공 무신창의도

1728년(영조 5, 무신) 이인좌李麟佐의 난 때 김간이 안동에서 의
병을 일으킨 내용을 그린 그림이다. 그 당시 3월 15일에 이인좌
가 청주에서 군사를 일으켜 병사兵使 이봉상李鳳祥과 영장營將 남
정년南廷年을 살해하였다. 이 변고의 소식이 19일에 안동에 전해
지자, 교임校任으로 있던 사인士人 김박金樸이 다음날 새벽에 통문
을 써서 각 서원으로 알리게 되었다. 22일 아침 80세 노령의 김간
은 바로 자제들과 가정家丁을 거느리고 견여肩輿에 앉아 본부로
들어와서 향중 선비들을 불러 모으고, 열읍列邑에 격문을 띄워 의
병을 일으키도록 하였다. 그리고 창송蒼松 김서한金瑞翰이 지은

도내道內 통문을 띄우고 행단杏壇에서 개좌開座하니, 모여든 사람이 60여 명이었다. 한편 조정에서는 대사성 박사수朴師洙에게 안무사按撫使 겸 안동진절제사安東鎭節制使를 제수하고, 전 전적典籍 류래柳來에게 종사관 겸 판관을 제수하였으며, 응교應敎 조덕린趙德鄰을 호소사號召使로 삼았다. 그 후 다시 돌아온 무신년(정조 30, 1788)에 영남 유림이 상소하여 『창의사적倡義事蹟』 1책을 임금께 올렸는데, 임금이 김간을 위시하여 31인의 사적과 행의行誼가 우뚝한데 종래 은전恩典에서 누락된 사실을 지적하여 바로잡도록 하였다.

〈제29화〉 희구재공 치자래도

김간의 맏아들 김서운은 효성이 지극하여 집안이 가난하고 부모가 늙었다는 이유로 과거를 단념하고 오로지 부모 봉양에만 힘써서 작은 민자閔子(공자의 제자 閔損)라는 칭송을 받았다. 1724년에 영성군靈城君 박문수朴文秀가 영남좌도 안렴사安廉使가 되었을 때 "김서운은 효도가 지극하여 부모의 반찬이 떨어지면 들에 있던 꿩이 저절로 날아오게 되었다"라는 소문을 듣고 비밀로 그 사실을 정탐하기 위해 날이 저물 무렵에 김서운의 집에 찾아가 하룻밤을 자게 되었다. 이튿날 아침에 여종이 여쭙기를 "아침 반찬을 마련해야 할 텐데, 꿩이 아직 날아들지 않습니다" 하므로, 김서운이 크게 민망하게 여기면서 뜰에 내려가 한참을 머뭇거렸

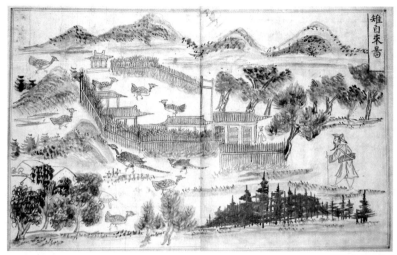

제29화 치자래도

다. 갑자기 여종에게 "저 북쪽 울타리 밑에 꿩 두 마리가 숨어 있
구나" 하고 몸소 달려가 잡아 가지고 들어왔다. 박문수는 이 사
실을 직접 보았기에, 그 집을 떠나간 직후 「치자래설雉自來說」이
라는 그림을 그려서 김서운에게 보내주었다. 실제 그림을 보면
박문수가 그려 준 흔적은 보이지 않으며, 집 울타리 밖과 마당에
여러 마리의 꿩이 묘사되어 있으되, 가난한 집의 형상은 아니다.
그림 뒤에 덧붙은 시문에 보면 김서운이 얼마나 효성이 지극했는
지에 대한 여러 사례가 소개되어 있다.

제30화 창송재도

〈제30화〉 창송재공 창송재도

김서한이 살던 집 창송재의 풍광과 거기서 지인들과 교유하던 모습을 그린 그림이다. 김서한은 1714년에 진사시에 합격했으나 당쟁이 점점 치열해지고 국사가 잘못되는 것을 보고 40세도 안 되어 과거공부를 중단하고 시골에서 후진을 양성하였는데, 향인들이 학고서당鶴皐書堂을 세워 강학 장소로 만들었다. 「창송재시서蒼松齋詩序」에 보면, "내가 거처하는 집 남산에는 수백 그루가 넘는 소나무가 꽉 들어서 있기에 이 울창한 빛을 아침저녁으로 바라보면서 자랑거리로 삼는다. 나는 이 소나무의 곧고 굳센 절조가 서리와 눈에도 변치 않는 것을 아주 사랑하여 나의 마음을

제31화 한진읍전도

붙이고 자호自號를 창송재라 하였다. 이는 대개 도연명의 「귀거
래사歸去來辭」에 나오는 '무고송이반환撫孤松而盤桓'이라는 뜻을
취했다"라고 적고 있다.

〈제31화〉 모죽당공 한진읍전도

이 그림은 바로 한강 나루에서 울면서 작별하는 모습을 그린
것이다. 김유원은 죽봉 김간의 손자로 대나무를 사랑하여 '모죽
당慕竹堂'이라는 당호를 받게 되었다. 초시에 여러 차례 장원을
한 그가 28세가 되던 1726년에 성시省試를 보러 가자 승지 나학천
羅學川이 고강관考講官이 되어 김유원에게 인분姻分이 있다 하여

비밀로 강할 대목만 뽑아 보내주도록 하였다. 김유원은 장령 이산두李山斗에게 그것을 내보이고 "이렇게 하는 세상에 어찌 영예를 구할 수 있겠습니까?" 하고는 행장을 재촉하여 시골로 돌아왔다. 1729년에 다시 성시를 보는데, 80세가 넘은 전라도 선비 윤모 씨와 성적이 동점이 되자, 고관이 직접 면접하여 제술製述로써 다시 비교하고자 하였다. 김유원은 노인이 글을 지을 줄 몰라 눈물을 흘리는 것을 보고서 자신이 초한 것을 노인에게 주고 응시하지 않았다. 노인은 과거에 합격한 후 "늙은 내가 영광을 보게 됨은 바로 공의 덕택"이라며 한강까지 따라와 서로 작별하는 모습을 그린 그림 한 폭을 내어 주고 이르기를 "이는 백세토록 잊을 수 없다는 기념"이라 하였다. 그 후 김유원은 과거공부를 접고 살았는데, 사림士林들이 그의 효행에 대해 정문旌文을 올리려 할 정도로 진실한 효자였다.

3) 『세전서화첩』에 담긴 숭조의식

김중휴가 『서화첩』을 편찬한 19세기 중반에는 유교의 종법宗法사상이 양반사대부가 아닌 일반인 계층에도 일반화되었고, 기제사의 범위는 '4대봉사'로 확대된 상태였다. 기제사 범위의 확대는, 유교적 가치와 이념이 양반이 아닌 대부분의 사람들에게까지 확산되자, 양반들이 그들의 문화적 우월성을 구현하기 위해 일반인들과 구별되는 기준을 만들면서 형성된 것이다.

이처럼 양반 사대부들은 평범한 사람들과 자신들을 구분하기 위하여, 혹은 다른 문중에 대하여 배타적 우월성을 확립하기 위하여, 문중 조직을 강화하고 문중의 여러 기능을 활발하게 가동할 필요성을 강하게 느끼게 되었다. 이렇게 볼 때 김중휴가 『서화첩』을 꾸민 데에는 바로 문중의식을 공고히 하고 문중을 활성화해야만, 예사 문중과 확연히 구별되는 혈연집단이 될 수 있다는 생각이 그 바탕에 깔려 있었다고 하겠다.

또한 『서화첩』 편찬의 의도는 19세기 안동지역에서 오미마을 풍산김씨가 여타 유력 문중들과 거리감이 있는 듯한 현상과 무관하지 않은 것으로 판단된다. 단적인 예로 1895년에 명성황후가 시해되고 단발령이 내려지자 안동의 사족과 유림이 주축이 되어 을미의병乙未義兵을 일으켰는데, 당시 지휘부의 요직에 풍산김씨 인물이 보이지 않는다는 점을 들 수 있다. 즉, 조선 중기에 성세를 이루었던 풍산김씨의 오미마을은 분촌화된 지 오래일 뿐만 아니라, 죽봉 김간(1653~1735) 이후 사회적 위상이 다소 약화된 것으로 이해된다. 따라서 김중휴는 문중의 위상을 제고하기 위해서 조상들의 화려했던 업적을 반추하고 이를 그림으로 그려서 문중 안팎으로 활용하려 했던 것으로 보인다.

문중의식이 후대로 갈수록 고조되었다는 사실은 『서화첩』에서 조상에 대하여 기록한 시문詩文이 일반적으로 후대로 갈수록 증가하고 있다는 데서도 확인된다. 예를 들어 죽봉 김간 이후부터는 그 이전에 비해서 시문의 양이 방대한 편이다. 상대적으로 더 최근의 인물이라는 점에서 시문의 보존이 쉬웠다는 점도 있지만, 후대로 올수록 문중의식이 고조되면서 조상에 대한 관심이 증대되어 기록이 더 풍부해지고 있다.

결국 이 『서화첩』은 상대上代에는 김휘손과 그의 아들 김양진을, 중대中代에는 김대현과 그의 여덟 아들을, 하대下代에는 심곡공파의 김간과 그 후손을 드높이려는 것이기도 하다. 『서화첩』 수록 인물을 통해 보면 풍산김씨 문중은 개촌조 김휘손 또는 불천위 김양진으로 통합되고, 중흥조 김대현의 여덟 아들에 의해 분파되며, 그 후대에는 심곡공파의 김간을 중심으로 한 집안이 현달했다는 의식이 드러난다. 그럼에도 편찬자가 허백당 문중 전체로 확대하여 귀감이 되는 조상을 소개한 것은 대외적으로 허백당을 중심으로 하여 풍산김씨 전체의 위상을 높이려는 뜻이다.

3. 유물이 말하는 허백당 문중

오미마을 풍산김씨 문중 유물은 허백당 김양진과 그 후손들의 학문세계, 관직생활, 예술세계, 생활문화 등에 대해 잘 말해준다. 다음 표에 정리된 〈허백당 문중 유물〉은 대부분 오미마을에 세거하고 있는 풍산김씨 문중의 유물로 가죽신(흑목화)에서 흉배에 이르기까지 다양하다. 현재 모두 한국국학진흥원에 기탁되어 있다.

〈허백당 문중 유물〉

번호	유물명	크기(cm)	기탁자
1	가죽신(흑목화)	27.5×24.5	풍산김씨 영감댁
2	각대角帶	135(둘레)	풍산김씨 참봉댁
3	관복함	48.5×40(높이)	풍산김씨 영감댁
4	김두흠 호패	28.2×20.0	풍산김씨 영감댁
5	김상온 호패	?	풍산김씨 학사종택
6	다리(月子)	85(길이)	풍산김씨 영감댁
7	흑립黑笠(대형)	72.0(지름)×19.0(높이)	풍산김씨 영감댁
8	문서함	20.0×44.0×28.5	풍산김씨 장암문중
9	벼루함	36×20.5×20.3	풍산김씨 장암문중
10	비녀(2개)	37.5(길이) / 32.0(길이)	풍산김씨 영감댁
11	사모紗帽	19.0(높이)×20.0(지름)	풍산김씨 영감댁
12	서소선생문집 책판	45.0×68.5	풍산김씨 학사종택
13	서소 현판	45.0×68.5(해서체)	풍산김씨 학사종택
14	소궤小櫃	14.5×45.5×14.5	풍산김씨 영감댁
15	안경/안경집	12.0×5 /16.5×6.5 내외	풍산김씨 영감댁
16	어사화	180.0(길이)	풍산김씨 학사종택
17	원삼圓衫	119.0×181.0	풍산김씨 참봉댁
18	유경당 현판	73.2×150.0	풍산김씨 허백당종택
19	족두리	11.0(지름)×4.5(높이)	풍산김씨 참봉댁
20	죽첨竹籤	2.7(지름)×6.7(높이)	풍산김씨 영감댁
21	풍산김씨세보 책판	27.0×35.5	풍산김씨 허백당종택
22	화수당 현판	52.5×140.5	풍산김씨 경남재
23	흉배胸背	23.5×22.5	풍산김씨 참봉댁

1) 학문과 정신세계를 말해 주는 유물

풍산김씨 종가를 나타내는 대표적인 유물 가운데 하나는
'풍산김씨세보 책판豊山金氏世譜冊板'이다. 풍산김씨 세보를 간행
하기 위해 만든 책판으로 허백당종택에서 소장하고 있었던 것이
다. 또 하나는 '유경당 현판幽敬堂懸板'으로 유경당 또는 잠암潛庵
이라 불리는 김의정金義貞(1495~1547)이 쓴 현판이다. 김의정은 허
백당 김양진의 맏아들로, 벼슬하다가 인종의 승하를 계기로 벼슬
을 버리고 고향에 은거하였으며, 사부辭賦에 뛰어나 여러 문인들
의 촉망을 받았다. 그리고 오미리 풍산김씨 동족조직 집회소였
던 화수당의 편액인 '화수당 현판花樹堂懸板'은 추사秋史 김정희金
正喜(1786~1865)의 글씨로, '화수'는 꽃과 나무가 가지를 치며 무성
하듯 자식이 많고 문중이 번성하길 기원하는 뜻을 담고 있다.

풍산김씨의 학문세계를 보여 주는 유물로는 풍산김씨 장암
문중의 '벼루함'과 '문서함'이 있으며, 풍산김씨 영감댁의 '소
궤小櫃'와 '죽첨竹籤'이 있다. '소궤'는 물건을 넣어 두는 상자로,
책 · 활자 · 문서 · 돈 · 제기 등을 보관해 두는 용도로 쓰였다.
'죽첨'은 일정한 크기로 가늘게 쪼갠 죽편에 경서의 머리 글귀를
적어 놓은 것으로 유생들이 주로 사용하였다. 죽통은 추구통에
담아 둔다. 그 밖에도 학사鶴沙 김응조金應祖(1587~1667)의 후손인
서소書巢 김종휴金宗烋(1783~1866)의 문집을 간행하기 위해 만든 책

김의정이 쓴 유경당 현판*

김정희가 쓴 화수당 현판*

죽첨*

흑립*

판인 '서소선생문집책판書巢先生文集册版'과 김종휴가 거처하던 서재에 걸었던 편액인 '서소현판書巢懸板'이 있다. 김종휴가 오천 원재에서 고을의 뛰어난 자제들을 모아 날마다 성현의 글을 강의 하니 원근의 많은 선비가 모였다고 한다.

풍산김씨 영감댁의 '흑립黑笠'(대형)은 조선시대 남자의 갓으로 19세기에 접어들면서 유행한 형태이다. 지름이 72센티미터, 높이가 19센티미터이며, 모자 부분이 높고 차양 부분이 넓은 것이 특징이다. 갓을 쓰고 밥상을 마주할 수 없다고 평가되던 것으로서 우리 역사상 양태가 가장 크던 시기의 갓이다. 단원, 혜원 등이 그린 풍속화에서 볼 수 있는 형태이다.

2) 관직생활을 말하는 유물

오미마을 허백당 문중은 생진시 합격자 77인, 문과급제 21인, 무과급제자 30인을 배출한 유수한 가문이다. 응당 이를 증명하는 유물이 있기 마련이다.

영감댁에서는 '김두흠 호패金斗欽號牌'를 소장하고 있었는데, 낙애洛厓 김두흠金斗欽(1804~1877)은 1843년 문과에 급제한 이후 지평·수찬·동부승지 등을 역임하였다. 그리고 관복과 예복을 넣어 두는 '관복함'도 소장하고 있었다. 틀은 목제이나 겉면은 모피로 감싸서 붙인 것이며, 크기는 48.5×91.5×40(높이)센티

관복함*

가죽신(흑목화)*

사모*

미터이다. 의복을 담을 수 있도록 만들어진 직육면체 함 위에 갓
을 넣을 수 있는 갓함이 덧붙여져 있다. 즉, 아래 칸에는 단령團領
을 보관하고 위 칸에는 사모를 보관하였다. 그 밖의 장신구를 함
께 보관하기도 했다. '가죽신' (흑목화)은 27.5×24.5센티미터 크
기로 조선 말기 문무관이 관복을 입을 때 신었던 신이다. '사모紗
帽'는 높이 19센티미터, 최대 지름 20센티미터 크기로 조선시대
관원들이 주로 상복常服에 착용했던 관모이다. 사모는 뒤가 높고
앞이 낮은 2단 형태이며, 뒤쪽으로는 익각翼角을 꽂았다. 겉면은
죽사竹絲와 말총으로 짜고 그 위에 사포紗布를 씌운 것이다.

　　참봉댁에서는 '단학흉배單鶴胸背'를 보관하고 있었는데, 문
관 당하관이 관복의 가슴과 등에 붙이는 표지이다. 그 밖에도 관

복에 두르던 둘레 135센티미터의 '각대角帶'가 있다. 학사종택에
서는 '어사화御賜花'를 소장하고 있었는데, 이는 조선시대 대과
합격자에게 임금이 내리는 종이꽃이다. 촉규화蜀葵花라고 부르기
도 하는데, 접시꽃을 의미하는 꽃을 가는 대오리에 붙여 만든 것
이다.

3) 여성들의 삶과 꾸밈을 말하는 유물

오미마을 허백당 문중에는 효자와 열녀들이 많았으며, 여성
들 가운데는 문학적 소양이 출중하여 많은 작품을 남기기도 하였
다. 대표적으로 심곡 김경조(1583~1645)의 11대손인 김씨는 풍산

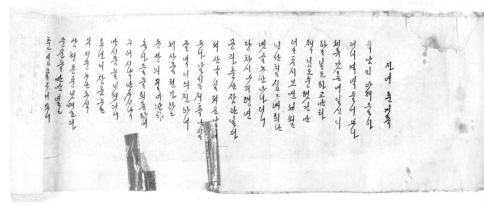

자녀훈계록*

류씨 류홍춘柳弘春에게 시집을 갔는데, 남편인 류홍춘이 관으로부터 관곡을 축냈다는 혐의로 욕된 형을 받고 돌아와서는 억울함을 이기지 못하고 죽었다. 이에 풍산김씨가 한양으로 상경하여 혈서를 써서 남편의 억울함을 푼 이후 남편을 따라 순절하자 정조 임금은 정려旌閭를 내렸다.

　허백당종택에 전해 오던 '자녀훈계록'과 '자녀교훈록'은 종가의 규방 규범을 말해 주는 매우 귀중한 자료이다. 자녀훈계록은 안동의 오천군자리에서 시집온 광산김씨 부인이 한글로 쓴 것으로, 6남매의 자식들을 엄격하게 가르치기 위한 어머니의 심정을 잘 담고 있다. "육남매 아해들아, 어미 격역(경력의 오기?) 들어보라. 세류 같은 내 일신이 하루 일도 하고 많다. 책임도 중했

건만 어른 뫼시고 보낸 세월, 인생칠십고래희는 옛 글로만 알았더니…… "로 시작하는 내용은 어머니가 지난 세월을 돌아보면서 자녀들에게 훈계하되, 남의 이목을 벗어나서 치욕스러운 일을 당하지 않도록 명가의 후손으로 바르게 처신하라는 것이다. 자녀교훈록은 한글로 쓴 가사이다. 흐르는 물과 같은 세월 속에 노년을 맞아 시부모를 모시고 아이들을 키운 지난날의 고충을 회상하는 한편, 자식들은 부디 어른들 잘 모시고 형제간에 우애 있고 성실하게 살기를 당부하는 내용이다.

허백당종택의 '원삼圓衫'과 '족두리', 영감댁의 '다리'(月子)와 '비녀' 등은 여성들의 대표적인 생활용품이라 할 수 있다. '원삼'은 119.0×181.0센티미터 크기로 혼인을 하는 신부가 예복으로 착용하는 것인데, 저고리 위에 입었던 합임형合衽形 옷이다. 소매는 빨간색·파란색·노란색·연두색 등의 색동으로 꾸몄다. '족두리'는 의식 때 부녀자들이 사용했던 관冠으로, 첩지 위에 올려 두고 흘러내리지 않도록 하거나 비녀로 고정하였다.

영감댁의 '다리'는 전체 길이가 85센티미터이다. 이것은 월자月子 또는 가체加髢라 부르기도 하는데, 여성들이 머리숱이 많아 보이도록 하기 위해 사용하는 덧머리이다. '비녀'는 여성의 쪽머리를 고정할 때 쓰는 것으로 장식의 역할도 하였다. 영감댁에서 소장하고 있는 커다란 비녀는 2개인데, 머리에 용 모양으로 조각된 용잠龍簪과 조각이 없는 버섯머리비녀이다. 용잠은 원래

원삼*

는 왕비만 꽂았으나, 사대부가나 서민가에서도 혼례식이나 의식 때 쓰기도 하였다. 용잠의 길이는 37.5센티미터이며, 버섯머리비 녀의 길이는 32.0센티미터이다.

족두리*

다리*

제6장 종손과 종부,
그리고 허백당 문중의 미래

1. 허백당종가의 종손과 종부

　　한 가문의 종손으로 태어나 종가를 지키며 산다는 것은 어떤 의미일까? 우리가 흔히 생각하는 것처럼 문중門中의 구심점이 되어 관심과 존경을 받고 평생 조상의 덕을 기리면서 전통을 고수한 채로 살아가는 것이 전부는 아닐 터, 어쩌면 그것은 종가와 종손에 관한 우리의 낭만적인 시선에 불과할는지도 모른다. 조상 대대로 내려온 봉제사 접빈객의 의무를 오롯이 짊어지고 현대적 변화와 전통적 삶의 경계에 서서 새로운 미래를 모색하는 것이 오늘날 수많은 종가의 종손들에게 주어진 또 하나의 역할이라는 점을 떠올리면, '종손'이라는 자리의 무게를 새삼 실감하게 된다. 하물며 불천위를 2위나 모신 종가의 종손이라면 더욱 그러하

종손 김각현

전 종부와 현 종부(『매일신문』, 1995년)

지 않겠는가.

현재, 허백당종가의 종손은 김각현金恪鉉(1931년생)이며, 종부 정갑교鄭甲嬌(1929년생)는 진양정씨로 상주의 우복愚伏 정경세鄭經世(1563~1633) 후예이다. 종손은 초등학교를 졸업한 후 상경해 휘문고와 연희전문학교를 나왔고, 경상북도부지사를 비롯해 성남시장, 안동시장을 지내는 등 오랫동안 공직생활을 하였다. 그리고 대구일보 사장을 지냈다. 그 때문에 종가를 떠나 있었던 시간이 길었고 선친이 작고한 후에야 비로소 허백당종가로 돌아와 본격적으로 종손의 행보를 시작하였다.

종부는 서울에서 여고를 졸업하고 "종가에 혼인 말 난 것은 집안의 경사"라는 조부의 영에 따라 시집을 왔다. 큰오빠(정재각 전 동국대 총장)도 여동생이 안동의 종가로 시집가는 데 아무런 이의가 없다고 했다.

이렇게 시집온 종부 정갑교는 전 종부였던 시어머니 강규원姜圭元의 가르침을 받았다. 전 종부는 봉화군 춘양면에서 천석꾼이던 친정의 8남매 중 맏이로 열여섯 살 때 열두 살 신랑인 김원재(1994년 작고)에게 시집을 왔다. 1995년 아흔넷일 때 신문 기자에게 "시집와 보니 5백 석쯤 하는 집안인데 살림도 좋고…… 자유당 때 토지개혁으로 다 없어졌지. 그래도 곤궁하지는 않았고…… 나는 편하게 살았제"라고 술회하였다. 강규원 종부는 "좋은 일은 남의 덕이고, 궂은일은 내 탓이다"라고 며느리 정갑교에게 가르쳤다.

　그러면서 강규원 종부는 아들 김각현이 외지에서 공직에 근무하는 상황에서도 며느리가 종가의 전통을 잊지 않고 이어 가는 노력에 대해 격려해 주었다. "나랏일 하는 사람 뒷바라지가 얼마나 힘들 것인데도 꼬박꼬박 안부하지, 시어른 초하루 보름 삭망도 옛 범절 그대로 지켜 지내지, 곁에 있다고 효도인가, 마음이 중하지. 나는 좋다"며 며느리인 지금의 종부에게 칭찬과 함께 마음의 짐을 덜어 주었다.

　그 종부 또한 시어머님에게서 배웠다. 전 종부 강규원은 1995년에 시어머님에 대해 이렇게 회고하였다.

　시어머님이 하회에서 시집오신 풍산류씨인데 범절에서나 집안 경영에서나 참 분명한 분이셨지. 효성도 지극하시고 내가 첫 근친 간 사이 시조모님이 낙상하셨는데 돌아가실 때까지 아홉 해를 시어머님이 그 수발을 혼자 다 하셨는데…… 참 대단하셨어. 나는 그 후에 시어머님 와병 중에 당신이 하신 반에 반도 못 따라갔어. 엄하시기도 이만저만이 아니셨고. 춘양 친정에서 재봉틀을 해 왔는데 "기계로 한 옷을 어떻게 입노?" 하시는 바람에 쓰지도 못하고 먼지만 앉았지.

　전통적인 종부로서, 며느리로서 가져야 하는 예의범절, 전통

차종손과 차종부

적인 방식의 시부모 봉양과 병구완, 손바느질 솜씨 등을 종부의 부덕婦德으로 간주하는 모습을 느낄 수 있는 대목이다.

허백당종가의 차종손 김기연金琦淵(1950년생)의 기억에 따르면, 조부는 유림 활동에 적극적이었고 문중 일과 자손들을 거두는 데 많은 관심을 갖고 있었다. 그래서 공직생활로 종가를 떠나 생활하는 현재의 종손을 늘 안타까운 마음으로 지켜보았다고 한다. 공직자로 살아가는 것은 자랑스러운 일이나 종손의 역할을 감당해야 하는 또 다른 현실을 고려하지 않을 수 없었기 때문이다.

최근에는 차종손이 연로한 종손을 대신하여 문중 일과 대외적인 일을 맡고 있다. 영남지역 불천위 종손들의 모임인 영종회嶺宗會에 참석하거나 그 아랫대인 차종손들의 새로운 모임을 추진하고 있다. 그는 영남지역 유명 종가의 종손들과 인맥을 쌓고 교류하는 것, 종가와 지손들, 문중에 관한 일들을 익히는 것이 앞으로 종가를 이끌어 가기 위한 준비 과정이라고 여기고 있다. 또한 차종부 이영희李英姬(영천이씨, 1954년생) 또한 연로한 종부를 대신하여 종가의 집안 살림을 꾸리고 있다. 차종부의 관심도 종가 문화의 현대적 계승에 있다.

2. 허백당종가의 가르침

　　종손은 종가를 떠받치는 기둥이자 조상과 자손을 연결하고 모든 족친들의 모임인 문중의 구심점이다. 그런 종손에 관한 허백당종가의 교육은 어떠했을까. 허백당종가의 차종손은 조부와 함께 생활한 시간이 많지 않았기에 특별한 가르침을 받은 기억이 없다고 말한다. 초등학교 이후로 30여 년을 줄곧 서울에서 보냈기 때문이다. 그럼에도 방학이 되면 어김없이 종가로 내려와 조부 곁에 머물렀다. 조부는 신문지를 접어 한자를 써 주었고 차종손은 그 붓글씨를 보고 따라 쓰기를 반복했다고 한다. 특별히 가학家學으로 배운 것이 없다고 하면서도 차종손은 기억을 더듬는 가운데 일상 속에서 조용히, 그리고 반복적으로 이어진 조부의 가르침을 떠올렸다.

　▶ 어릴 때 다른 형제분과 달리 특별하게 종손 교육 받으신 거

없으세요?

말씀은 많이 들었지요. 종손의 몸가짐, 마음가짐이라든지, 종
손이 지손을 대하는 자세 같은 그런 거. 예를 들어서 "지손에
대해서 촌수의 개념은 없어야 된다. 모든 사람을 8촌 이내의
사람으로 포용할 수 있는 그런 마음가짐을 가져야 된다"는 그
런 얘기들은 많이 듣고 자랐지만 특별하게 시간을 내서 종손
교육을 따로 하신 기억은 별로 없습니다.

(차종손 김기연, 2014년 대담)

종손은 앞으로 종손이 될 손자에게 자부심을 심어 주는 것이
아니라, 단정한 몸가짐과 마음가짐을 먼저 이야기했다. 그리고
모든 지손支孫을 아끼고 포용하는 마음가짐이 필요함을 넌지시
일러 주었다. 어쩌면 조부는 그러한 포용력과 너그러움을 허백
당 종손이 가져야 할 최고의 덕목으로 여겼는지도 모른다. 그도
그럴 것이 허백당종가 불천위 중 한 분인 유연당 김대현의 여덟
아들은 모두 분파하여 파조가 되었고, 그의 후손들이 영주와 봉
화, 예천과 파주 등으로 이거移居하여 번성했다. 결국 이들 모두
가 허백당종가로 수렴될 수 있는 풍산김씨의 자손임을 떠올리면
조부의 깊은 뜻이 무엇이었는지를 짐작할 수 있지 않은가.

지손을 대할 때에 촌수를 따져 거리를 두기보다는 모두를 8
촌 이내의 집안사람으로 대하라는 조부의 가르침은 종손이기 때

문에 차차종손에게 들려줄 수 있는 뜻깊은 말이다. 종손이든 지손이든 한 조상의 후손으로서 풍산김씨 전체가 하나의 뿌리에서 나온 자손이라는 점을 인식하고 살기를 바라는 마음이 담겨 있었다. 그리고 풍산김씨 일문 모두를 폭넓게 아우르는 종손의 마음가짐이 어떠해야 하는가를 일깨워 주려 했던 것이다. 비록 종손 교육이라 이름 붙이고 시간을 정해 가르친 것은 아니지만, 그렇기 때문에 오히려 지금의 차종손이 그러한 조부의 뜻을 자연스럽게 받아들이고 실천할 수 있었던 것은 아닐까.

문중 일에 관심을 가져라. 그런 공부를 해라. 사람 많이 알아라.

조부가 지금의 차종손에게 수없이 반복한 말이다. 문중 일에 관심을 갖고 그와 관련된 공부의 폭을 넓히는 것, 그리고 사람을 많이 아는 것, 조부는 언제나 그 점을 강조했다. 이는 한 가문의 종손으로서 조상 모시는 일을 소홀히 하지 않는 가운데 문중을 보살피고 가문에 관한 지식과 교양을 갖추어야 한다는 뜻이었다. 또한 사람 사귀는 데 편견이 없기를 바라는 간절한 마음에서 비롯된 가르침이기도 했다. 이 모든 것을 실천해야 하는 종손의 자리가 어찌 쉬울 수 있을까. 그러나 누구나 선택해서 갖고 버릴 수 있는 자리가 아니기에 종손과 차종손에게 그 무게감은 한층 더 크게 다가왔을 것이다.

3. '의義'로 행동하고 '정情'을 실천하는 종가

허백당 종손과 지손들은 종가의 남다른 면모를 '행동'과 '실천'이라고 평가한다. 연산군의 폭정에 맞선 허백당은 물론 그의 후손들도 나라의 크고 작은 일에 발 벗고 나서서 위기를 구하고 어려운 현실을 타개하는 데 앞장서기를 마다하지 않았다. 유연당 또한 임진왜란 때 창의倡義하기를 주저하지 않았으며, 민심을 수습하고 난민구제에 전력을 기울였다.

후손들이 기억하는 허백당 가문의 의로움은 이뿐만이 아니다. 이인좌의 난을 평정하는 일에도 동참했으며, 일제강점기에는 허백당종가가 독립운동의 구심점이 되는 데까지 이어졌다. 실제로 풍산김씨 문중은 일제강점기에 수많은 독립운동가를 배출한 것으로도 널리 알려져 있다. 그래서인지 허백당종가는 유독 현실 문제에 적극적으로 나선 것으로 정평이 나 있다.

임진왜란 때도 유연당이 영주에서 창의를 하시고, 곽재우 의
진에 아드님과 같이 참여하셨으며, 그 다음에 병자호란 때도
돌아가신 분들이 있고, 그 다음에 이인좌의 난에도 우리 집안
이 활동을 했고, 그 다음에 일제 때 우리 집이 그래도 구심적인
역할을 했다고 말하기는 어려울지 몰라도, 어쨌든 독립운동을
앞장서서 했습니다. 그리고 종가는 국난으로 위기에 처했을
때 문중 차원에서 의사를 결정하고 행동 방향을 결정하는 행
동의 구심점이 되었습니다. 예를 들어 일제 당시 종손이셨던
창昌 자 섭燮 자 썼던 어른, 현 종손의 조부께서 독립운동을 하
셨고, 독립운동의 구심점이었습니다. 실천적이고 현실 문제는
적극적으로 나서서 하셨던 그 정신이 우리 집안에 계속 이어
져 오고 있는 거 같애요.

（지손 김정현, 1954년생, 2014년 대담）

2008년은 풍산김씨가 안동시 풍산읍 오미동에 세거한 지 꼭
600년이 되는 해였다. 이때 마을에 '오미광복운동기념공원五美光
復運動記念公園'을 조성했다. 허백당종가 종손이 추진위원장을 맡
고 종친회 김창현 회원이 실무를 맡은 가운데 후손들이 성금을
내고 보훈청과 안동시의 지원을 받아서 실현된 일이다. 공원 안

오미광복운동기념공원 준공식

쪽에는 문중에서 배출한 24명 독립운동가의 약력을 새긴 기념탑을 세워서 그 정신과 업적을 기렸다.

이렇게 국난 극복과 현실적 문제에 소홀하지 않았던 허백당 종가의 모습은 후손들이 유연하게 집안을 다스리는 일이나 보은報恩과 인정을 중시하는 데서도 그대로 드러난다. 여기서 세 가지 사례가 주목된다.

첫째, 허백당 문중에서는 다른 집안에 비해서 적서차별, 남녀차별, 가난한 사람에 대한 차별이 적었던 것으로 전한다. 일찍이 진보적인 형식으로 한글족보를 만든 바 있고, 정식 혼인을 하지 않고 들어온 집안 여인이 풍산김씨의 자손을 훌륭하게 키운 데 대한 감사의 뜻으로 지금까지 벌초를 하고 묘사를 올리고 있다. 또한 가난한 지손들이 끼니를 거르는 일이 없도록 배려하였다.

적서차별이 다른 집에 비해 없었던 거 같고, 그 다음에 여자들에 대한 배려도 이를테면 우리 일가들 중에서 한글족보를 만든다든지 이런 일들도 있었고, 집안 행사에서도 여자를 차별하는 이런 일은 잘 없었던 거 같애요. 적서차별 예를 하나 들면 뒤에 들어오신 할매가 한 분 계셨거든요. 보은할매라 하는데…… 그분이 들어오셔 가지고, 은혜를 입힌 할매라 해 가지고. 저…… 사계 김장생 누나쯤 됩니다. 족보에 보면 김은휘·김계휘하고 형제간인데, 그 집에서 아마 들어왔는데, 어쨌든지 자식들을 잘 보살펴 가지고 잘 키웠단 말입니다. 옛날로 치면 무덤도 사실은 없잖아요. 정식으로 혼인해 가지고 들어온 것이 아니니깐. 그렇지만 무덤도 만들어 놓고 아직도 보은할매 제사는 우리가 지냅니다, 묘사를. 그런 걸로 봐서도 우리가 할 도리는 하는구나 싶은 자부심을 느껴요. 또 마을에 가난한 지손이 있어서 끼니를 거르는 경우에는 끼니를 거르지 않도록 배려했다고 알고 있어요.

(지손 김정현, 2014년 대담)

둘째, 유연당 김대현이 영주에 자리를 잡고 생활하던 무렵 그에게 유산을 남기고 후손 없이 죽은 남계南溪 금축琴軸(1496~1561)의 은혜를 잊지 않고 400여 년이 지난 지금까지도 해마다 무덤에 벌초를 하고 시사時祀를 지내고 있다. 윗대 조상의 인정을 강조하는 뜻을 잘 받들어 이어 오는 모습이다.

아까 영주에 유연당이라는 집이 있다 했잖아요. 유연당 할배가 사시던 곳인데 그 집도 문화재가 됐습니다만, 그 집이 형성되는 과정에서 남계 금축이라는 분이 있었는데, 퇴계선생이 묘갈문을 쓸 정도로 그 당시 영주지방에 지도적인 어떤……과거에는 못 올랐고 진사를 하셨는데 지도적인 분인데, 이분이 돌아가시면서 재산을 유연당한테 남기셨어요. 그 재산이 형성되는 과정에서 그게 벌써 400년 전 아닙니까? 400년이 넘었는데. 남계 금축이 후손이 없어요. 유연당 할배의 어머니 안동권씨가 남계 금축의 처질녀인데, 금축은 자식이 없으니까 처질녀를 딸처럼 키웠어요. 그래서 유연당의 아버지 화남 김농 할배에게 시집을 보냈어요. 남계 금축이 아들이 없으니깐 재산을 유연당에게로 넘겨주었지요. 또한 더 위로 거슬러 올라가면, 남계 금축의 아버지 진사 금원한琴元漢이 허백당의 사위였어요. 이렇게 남계가 무후가 되니까, 우리가 400년 동안 무덤에 벌초를 하고 묘사를 지내 주지요. 이런 거는 우리가 논리를 떠나서 정으로 살아가는 모습이 아니겠나 싶은 생각이 들어요.

(지손 김정현, 2014년 대담)

셋째, 유교의 형식적 통념보다는 사람의 기본적인 인정을 더 우선하는 유연성을 가지고 조상을 받들어 모신다. 일반적으로 묘사의 대상이 아닌 총각으로 돌아가신 분에 대해서도 애석하게 생각하면서 지금까지 방손들이 벌초를 하고 묘사를 지내고 있다.

유연당 할배 아들이 원래 아홉 분이었어요. 아홉 분인데, 여덟째 분이 낙동강에서 안동부사의 아들 등과 뱃놀이를 하다 돌아가셨는데 애석하잖아요. 옛날에는 결혼하지 않았으면 무덤이 없을 거잖아요? 그런데 무덤을 만들어 가지고 그 할배를 '도령위' 라 해 가지고 도령위 무덤이 있어요. 우리가 묘사 때는 도령위 무덤에 계속 제사를 지내요. 그때 도령위는 어른들이 가서 제사 안 지내고 그 나이가 좀 젊은 사람들이 제사를 지내는 그런 풍습들이 다른 집하고 다른 모습들이 있는 거 같애요.

(지손 김정현, 2014년 대담)

허백당종가와 허백당 후손들이 무엇보다도 자랑스럽게 여기는 것은 허백당이 청백리淸白吏의 표상이라는 점이다. 비록 가난할지라도 조상의 뜻을 이어 정직하고 바르게 사는 것을 최고의 가치로 여겼던 만큼 그 후손인 유연당의 각별한 애민愛民사상이나 선정善政을 베풀 수 있었던 근본이 이러한 집안 내력으로부터 비롯되었다고 후손들은 믿고 있다.

4. 변화를 모색하고 미래를 고민하는 종가

　허백당종가는 홍문관부제학을 지낸 허백당 김양진과 그의 증손자로 임진왜란 때 의병활동을 한 유연당 김대현, 2위의 불천위를 모시고 있다. 그렇기 때문에 허백당종가에서는 제사에 관한 한 더욱 엄격하게 원칙을 지키고 있을 것이라 여겨진다. 하지만 허백당종가에서는 문중 회의를 통해 최근 불천위 제사에 큰 변화를 모색했다. 불천위 고위와 비위의 제사를 통합하여 간소화하고 제사를 지내는 시간도 자정에서 저녁 8시로 바꾼 것이다.

　전통을 그대로 이어 가는 것도 뜻깊은 일이지만, 그 전통을 온전히 잇기 위해서는 현대사회의 생활 방식과 제사를 준비하는 종가의 여건을 고려한 변화도 필요하다고 여겼기 때문이다. 문중 내의 모든 파에서 이를 수용한 것은 아니지만 적어도 종가가 그러한 변화의 구심점이 되어야 한다는 데 대한 종손과 차종손의 생각은 확고하다. 그리고 장기적으로는 기제사에도 이러한 변화가 뒤따라야 한다고 보고 있다.

불천위 제사는 문중회의를 해서 고위와 비위 따로 하던 걸 비위를 없애고 고위만 제사 지내는 집이 더러 있고, 기제사 경우는 집안마다 사정이 달라서 현재 우리 유림에서 새로운 모색을 하고 있어요. 저의 경우는 어머니가 팔십 대 후반을 넘어가시는데, 집사람이 (직장에) 매여 있다 보니까 기제사를 차리는 데 굉장히 애로사항이 많아요. 그렇다고 우리가 형제가 많은 거도 아니고, 밑에 남동생하고 여동생이 있는데 서울에 삽니다. 그리고 사촌이 없습니다 저는. 사촌이 없고 그러니까 상당히 외로운 거지요. 근데 제사 때라도 종반들이 모여 가지고 같이하고 그게 있어야 되는데 그런 게 없거든요. 아직도 구십 가까운 노인이 제사상을 차려야 되는 그런 상황입니다. 그러다 보니까 항상 며느리 된 입장에서도 그렇고 마음의 부담을 갖는 거 같애요. 그래서 이런 기제사도 아마 조만간에 정말 내가 주장을 해서라도, 야단을 맞는 한이 있어도 좀 간소화해야 되지 않겠나, 그런 생각은 갖고 있습니다. 그리고 묘사 같은 경우가 제일 어려운 문제거든요. 아버지가 연로하시니까 거의 제

가 묘사에 초헌관으로 따라갑니다. 묘사 다 하니까 스물여덟
인가 이렇게 돼요. 묘사 차리는 것도 문제고, 벌초도 문제고,
이런 것들도 어떻게 해야 될 건지 숙제지요.

(차종손 김기연)

스물여덟 번이나 되는 묘사를 어떻게 지속할 것인지, 벌초
는 어떻게 할 것인지에 관한 현실적인 문제가 종손과 차종손의
숙제이다. 조상을 받드는 일이 종가의 역할이자 종손의 의무라
는 점에서 지나친 간소화는 쉽사리 받아들여질 수 없는 개혁인
지도 모른다. 그러나 조상에 대한 예를 다하기 위해서는 분명히
현실적 상황도 고려해야 할 것이다. 종손과 차종손은 근본을 지
키면서도 종가의 명맥을 반듯하게 유지할 수 있는 방안을 모색
하고 있다.

차종손의 마음을 무겁게 하는 것은 현재 종손과 차종손이 모
두 종가를 비우고 있다는 점이다. 중요한 일이나 제사가 있을 때
는 어김없이 종가를 찾지만 차종손은 대구에서 생업에 종사하고
있고 종손과 종부는 연로하여 허백당종가에 거주하기가 어렵다.
또 하나의 문제는 허백당종가가 경상북도 민속문화재로 지정되
어 있어 증축이나 개축이 어렵다는 점이다. 연로한 종손과 종부
가 생활하려면, 그리고 앞으로 차종손과 차종부가 종가로 돌아오
려면 일상생활이 가능할 정도의 개보수가 필요한 데도 현실적으

로 그럴 수 있는 방안이나 지원이 없어 고민이 깊다. 종손과 차종손이 종가를 비울 수밖에 없는 상황 속에서 봉제사와 접빈객이라는 종가 본연의 역할을 온전히 해내기란 쉽지 않다.

지금 생활공간이 대구이기 때문에 접빈객 행위가 별로 일어나는 게 없어요 사실. 옛날 조부모님 계실 때는 항상 종가에 계시면서 그런 걸 봤습니다. 이웃에서 누가 오더라도 할머니가 뭐라도 싸서 들려 보내셔야지 마음을 편히 생각하시고 그런 걸 봐 왔는데, 손님이 항상 사랑방에 들끓고 어떤 때는 오서 가지고 며칠 계시기도 하고. 그때마다 손님 오시면 외상으로 해 가지고 귀한 손님에 따라 틀리겠지마는 별도의 음식을 항상 만들어가지고 그런 접빈을 하는 거를 봐 왔습니다마는, 그 뒤로는 종가에 살지를 않으니까 종가에 오시는 손님들이 거의 없지요. 행사 때 우리 일족들끼리 모임이 있을 때는 간혹 한 번씩 들리는 경우 있으면 마당에다 감주나 해 가지고 한 번씩 하는 그런 정도지, 특별하게 접빈객이라고 고민을 하지는 않습니다. 지금 종가가 비어 있으니까. 솔직히 말해서 아직도 저도 생업에 종사하고 있습니다만, 문중 일이 있다 하면 팽개치고 쫓아가야 되는 상황입니다. 객지에 있는 어느 종손이나 안고 있는 문제 아닌가 싶어요. 봉제사 접빈객이라 그러는데 접빈객이라는 개념이, 사람이 종가에 살아야 손님도 맞이하고 그래 하는 건데, 그게 어려운 거죠.

(차종손 김기연)

차종손에게는 그 옛날 종가를 찾은 손님들이 사랑방을 가득 채우고 그때마다 상을 차려 냈던 조모의 모습, 소박한 음식이라도 만들어 대접했던 접빈객의 기억이 생생하다. 그래서 그러한 역할을 온전히 해낼 수 없는 지금의 현실적 여건에 대한 아쉬움이 크다.

이런 애로사항들이 좀 개선이 되고, 옛날 공자 맹자 할 때, 그런 틀에 박힌 그런 개념이 아닌 현실에 맞는 그런 걸로 모든 제도가 현실에 맞게 개선이 되어 나갔으면 좋겠다 하는 바람입니다. 그런 게 이런 책을 만들고 어떤 종가를 소개하면서 자꾸만 모든 사람들한테 그런 게 전파가 될 수 있게끔 그렇게 해 주시면 우리는 고맙겠어요. 오히려 우리가 뭐 나서서 뭐 해야 되겠다, 종가의 역할이 이러니까 뭐 어떻게 하겠다, 이런 거보다는 적절한 역할을 할 수 있게끔 만들어 줘야 돼요. 그게 제일 간절한 희망사항입니다.

(차종손 김기연)

차종손의 말은 우리에게도 많은 질문을 던져 준다. 종가와 종손의 현실은 생각하지 않은 채, 우리가 생각하는 이상적 종가와 종손의 모습을 그들에게 투영하고 있는 것은 아닌가? 우리는 종손의 의무와 책임만을 강조하는 시선에서 벗어나 현대사회의 종손으로서 적절한 역할을 잘 해낼 수 있도록 뒷받침하는 데 조금 더 많은 관심을 기울여야 하지 않을까?

한 가문, 한 문중의 범위를 벗어나 종가는 이제 한국 전통문화의 일부이자 중요한 유산이다. 그런 측면을 고려하지 않고 오로지 종가와 종손을 과거의 모습 그대로 박제화 하는 것은 그들의 자부심을 앗아가고 종가의 문을 스스로 닫아걸도록 만드는 일이 될 수 있다. 종가와 종손이 지향하는 현실적 변화에 지지와 격려를 보낼 수 있는 마음가짐이 필요한 때이다.

허백당 문중은 조선조의 대표적인 명문가이다. 문과 급제자 숫자에 있어서나, 과환에 있어서나, 문집 발간을 위시한 학문활동에 있어서나, 난국에 대처하여 순국 희생한 인물에 있어서나, 뚜렷한 역할을 해 왔다. 그래서 허백당 문중에는 말로는 표현하지 못하는 불문율 같은 정신이 전해지고 있다. 허백당의 청백정신, 잠암의 절의, 유연당의 애민선정, 추강의 애국정신 같은 것이 문중 구성원 개개인의 가슴에 면면히 이어지고 있다. 허백당 문중과 종가에 지난날의 창성한 기운이 오래도록 이어지고 재창조되기를 바란다.

인용문헌

『조선왕조실록』(국역본).

강효석, 『전고대방』, 한양서원, 1935.
김 간, 김홍영 · 손왕호 번역, 『죽봉선생문집』, 모죽헌, 2010.
김대현, 김정기 · 박미경 번역, 『유연당 선생 문집』, 한국국학진흥원, 2013.
김재억, 『허백당 세적』, 대지재소, 1999.
김형섭, 『허백당선조 立朝事蹟』, 유연당재소, 1993.
김희곤 · 강윤정, 『오미마을 사람들의 민족운동』, 지식산업사, 2009.
안동문화연구회, 『풍산김씨 오미마을』, 안동문화연구회, 2008.
주승택 · 안병걸 · 배영동 외, 『봉황처럼 날아오른 오미마을』, 민속원,
　　　　2007.
한국국학진흥원, 『민심으로 보듬고 나라를 생각하며』(특별전 도록), 한국
　　　　국학진흥원, 2013.

김형수, 「조선후기 풍산김씨 虛白堂 가문의 학문적 전통」, 『민심을 보듬고
　　　　나라를 생각하며』(특별전 도록), 한국국학진흥원, 2013.
김희곤, 「풍산김씨 내력과 독립운동」, 『민심을 보듬고 나라를 생각하며』
　　　　(특별전 도록), 한국국학진흥원, 2013.
배영동, 「풍산김씨 세전서화첩으로 본 문중과 조상에 대한 의식」, 『한국민
　　　　속학』 제42호, 한국민속학회, 2005.
이충희, "풍산김씨 유연당 종가 종부 강규원", 『매일신문』, 1995.01.26.
정의우, 「조선후기 오미마을의 문학」, 『봉황처럼 날아오른 오미마을』, 민
　　　　속원, 2007.
주승택, 「조선전기 오미마을의 문학」, 『봉황처럼 날아오른 오미마을』, 민
　　　　속원, 2007.

최홍식, 「풍산김씨 문중의 가학 전승」, 『봉황처럼 날아오른 오미마을』, 민속원, 2007.

** 사진 설명 뒤에 *가 있는 것은 한국국학진흥원에서 촬영하여 풍산김씨 문중에 제공한 것임.
** 원고 자문: 김창현, 김정현.